Isabell Müller

Clickertraining

für Kaninchen,
Meerschweinchen & Co.

Ulmer

Einfach ver-clickern

Wer, wie, was – wieso, weshalb, warum? Lesen Sie, was Sie über das Clickertraining wissen sollten.

7

Clickeralltag

Basiswissen und viele Tipps erleichtern den Einstieg in die erste Trainingsrunde.

19

Clicker-Spaß

Grundlagen des Clickerns, schnell und einfach erlernt, bilden die Voraussetzung für spätere Übungen.

Zauberstab Targetstick

Erfahren Sie, was es mit dem mysteriösen Zeigestab auf sich hat und wie er richtig eingesetzt wird.

Keine Zauberei ...

Mit ein wenig Geduld und Fleiß wird auch Ihr Nager bald zum „Clickertier“. Wir zeigen, wie's geht.

Trick mit Click

Ein kleiner Click gegen große Probleme. Auch ohne Targetstick können Sie den Clicker vielfältig einsetzen.

Click nach Plan

Clickern mit System! Ein Einblick in den Clickeralltag gibt nützliche Tipps und hilft bei der eigenen Trainingsplanung.

Click auf einen Blick

Gar nicht so einfach, den Überblick zu behalten, welche Übung wie trainiert wird. Unsere Übersichtstabelle hilft.

Service

Einfach ver-clickern

Basiswissen Clickertraining

Auch wenn Clickertraining erst in den letzten zehn Jahren in Deutschland richtig bekannt wurde, reichen die Ursprünge bis weit in das zwanzigste Jahrhundert zurück.

Erste Versuche mit einem Geräusch, dem unmittelbar eine Belohnung folgt, machten bereits der Verhaltensforscher B.F. Skinner und seine Studenten 1938. In den darauf folgenden Jahren fanden die neuen Erkenntnisse über das Lern-

Auch Meerschweinchen bereitet das spielerische Clickertraining viel Freude und Abwechslung.

verhalten von Tieren auf den unterschiedlichsten Gebieten Anwendung. Tiere wurden für die verschiedensten Aufgaben trainiert, z.B. als Stars in Werbespots und Shows – aber auch als „Werkzeuge“ für fragwürdige militärische Zwecke, etwa um Zündmechanismen in Raketensprengköpfen auszulösen oder Minen in feindliche Gebiete zu bringen. Mitte des 20. Jahrhundert gab es erste Veröffentlichungen zum Thema Clickertraining, jedoch zunächst nur in Amerika.

In den 1960er-Jahren begann Karen Pryor, eine Studentin Skinners und heute bekannte Clickertrainerin, Delfine mit Hilfe des Clickers für Shows in Delfinarien zu trainieren. Sie erkannte schnell, dass die Tiere durch diese Trainingsform stressfreier und besser lernten, als bei den zuvor angewandten Lernmethoden mit Bestrafung für falsches Verhalten.

Dank dieser Erkenntnis verbesserten sich die Beziehungen zwischen Trainern und ihren tierischen Übungspartnern von diesem Zeitpunkt an enorm. Tiere wurden nicht mehr nur für die Zwecke des Menschen ausgebildet, sondern ihre Bedürfnisse vermehrt in das Training einbezogen. Man erkannte, dass das Clickertraining als sinnvoller Zeitvertreib spielerisch dazu beitragen kann, das Zusammenleben mit Tieren zu verbessern.

Nach und nach wurden nun auch „gewöhnliche“ Haustiere mit der Methode des Clickertrainings trainiert, ganz vorne der Hund als häufigster Begleiter des Menschen. Europaweit machten Tiertrainer erste Erfahrungen mit der neuen Übungsmethode, vor allem im Bereich der Rettungs- und Polizeihunde oder zur Ausbildung von Blindenführhunden oder Therapiehunden. Erst in den 1990er-Jahren kam das Clickertraining schließlich auch nach Deutschland. Erste Veröffentlichungen in Hundezeitschriften wurden von den Lesern interessiert aufgenommen.

Mittlerweile ist das Clickertraining auch in Deutschland eine bekannte und anerkannte Trainingsmethode, welche von professionellen Tiertrainern und begeisterten Heimtierhaltern gerne angewandt wird.

Auch die Angst vor der Transportbox zu verlieren ist ein Lernprozess.

Was bedeutet Lernen?

Alle Tierarten haben ein angeborenes Verhaltensmuster: Bewegungen und Handlungen, die ein Tier in bestimmten Situationen zeigt, dazu gehören u.a. Lautäußerungen, Körperhaltung und äußerlich erkennbare Veränderungen zur gegenseitigen Verständigung.

Neben den genetisch veranlagten Bewegungen und Handlungen gehören auch erlernte zum Verhaltensmuster. Somit sind die meisten Lebewesen in der Lage, durch Lernen ihrem angeborenen Verhaltensmuster weitere Verhaltenselemente hinzuzufügen. Durch erlerntes Verhalten kann sich ein Tier genau wie der Mensch an neue Situationen anpassen und dadurch seine Überlebenschancen erhöhen.

Anatomische Voraussetzung für jede Art von Lernen ist der Besitz eines Gedächtnisses, in dem Erfahrungen gespeichert und bei Bedarf wieder abgerufen werden können. Man nimmt an, dass bei jedem Lernvorgang neue Nervenverknüpfungen stattfinden und

Aha!

Lerndisposition

Was bzw. wie leicht ein Lebewesen etwas lernen kann, ist in seinen Erbanlagen angelegt und wird als „Lerndisposition“ bezeichnet. So kann einem Menschen leichter beigebracht werden, vor einer Schlange zu flüchten als vor einem Gänseblümchen. Erzeugt ein Futtermittel Übelkeit, können Ratten das mit dem Geschmack des Futters verbinden, nicht jedoch mit dem Geräusch einer Glocke, die bei der Fütterung läutet.

der Lernprozess auf diese Weise im Gedächtnis gespeichert wird. Verhaltensbiologen, Psychologen und andere Wissenschaftler haben verschiedene Arten des Lernens beschrieben, die aus den unterschiedlichen Forschungsansätzen abgeleitet wurden.

Lernen mit dem Clicker

Grundprinzip des Clickertrainings ist das verknüpfende oder assoziative Lernen. Dabei werden verschiedene äußere Reize (z.B. Geräusche) mit der Verhaltensweise des Tieres zu einer Einheit verknüpft. Eine Verbindung zwischen Reiz und Reaktion wird stärker, wenn der Reaktion ein positiver Nacheffekt, z.B. eine Belohnung, folgt.

Damit Tiere (oder auch Menschen) direkt und schnell lernen, muss die Belohnung möglichst bald nach der Reaktion folgen, fast buchstäblich im selben Augenblick. Deshalb sind das Klickgeräusch und die Belohnung, welche beim Clickertraining unmittelbar auf das gewünschte Verhalten folgen, so gut geeignet, den Lernerfolg zu vergrößern.

Tiere erlernen ein Verhalten durch Versuch, Irrtum und zufälligen Erfolg. Man kann dieses Lernen anhand der sogenannten Skinner-Box, benannt nach

Aha!

Wiederholung bringt Erfolg

Die Futtergabe als Belohnung wird auch als „positiver Verstärker" bezeichnet, denn das richtige Verhalten tritt nach einigen erfolgreichen Versuchen häufiger auf.

Belohnungsleckerbissen, Clicker, Targetstick: Mehr braucht es nicht zum Clickertraining.

dem berühmten Verhaltensforscher B.F. Skinner, am besten verstehen:

In einem Käfig mit einem Futterautomaten bekommt das hungrige Versuchstier, z.B. eine Taube, immer dann aus dem Automaten Nahrung, wenn es einen bestimmten Hebel korrekt gedrückt hat. Zunächst sind die Bewegungen des Tieres ziellos, doch drückt es den Hebel manchmal zufällig richtig, wird es durch die Futtergabe belohnt.

Nach einiger Zeit wird das Tier den Zusammenhang zwischen Hebeldrücken und Futtergabe erkennen. Bei wiederholtem Erfolg stellt das Tier eine Verknüpfung zwischen seinem Handeln und der Belohnung her: Der Lernprozess wurde durch die Belohnung gefördert.

Auch beim Clickertraining ist die Belohnung durch Leckerbissen am erfolgreichsten.

Strafen ist tabu

Eigentlich versteht es sich von selbst, seinen Nager niemals zu bestrafen, sei es in Form von Schreien, Toben oder gar Handgreiflichkeiten. Tiere handeln niemals aus Böswilligkeit. Wenn Ihr Nager beim Training einen Fehler macht, dann ganz sicher nicht, um Sie zu ärgern, sondern weil er wahrscheinlich einfach nicht verstanden hat, was Sie von ihm verlangt haben.

Das Anwenden von Strafen in solch einer Situation kann Ihr Tier so sehr ängstigen, dass es sich fortan völlig weigert, mit Ihnen zu üben. Denn das gemeinsame Training ist für den Nager zu einer beängstigenden Situation geworden, die er zu vermeiden versucht.

Auch wirken positive Verstärkungen viel länger als negative, nur sie ermöglichen das Erlernen komplizierter Aufgaben. Denn eine Verbindung zwischen Reiz und Reaktion wird stärker, wenn der Reaktion eine positive Verstärkung folgt, die Verbindung wird schwächer, wenn ein negativer Nacheffekt die Folge ist.

Deshalb: Wenn Sie merken, dass Ihr Nager unkonzentriert ist und zu viele Fehler macht, gehen Sie in Ihrem Übungsplan einen Schritt zurück und trainieren Sie zunächst noch einmal den vorherigen Schritt, bis er perfekt sitzt. Denn offensichtlich hat Ihr kleiner Freund diesen nicht genau verstanden und kann deshalb den nächsten nicht korrekt ausführen.

Aha!

Übung vertagen

Fehlende Konzentration ist manchmal auch ein Zeichen von mangelndem Interesse. Beenden Sie die Trainingseinheit dann mit einer Übung, die dem Tier besonders viel Freude bereitet und versuchen es zu einem späteren Zeitpunkt noch einmal. So schließen Sie das Training mit einer positiven Erfahrung ab.

Clicker als Verständigungshilfe

Sicher kennen Sie einen Knackfrosch, jenes kleine, bunte Spielzeug, das durch Druck auf eine Stahlfeder ein charakteristisches Knackgeräusch verursacht.

Ein Clicker funktioniert ähnlich, nur dass die Feder dabei in einem kleinen Kästchen eingebaut ist – wird auf das Blech gedrückt, ertönt ein markantes Klickgeräusch.

Natürlich ist es auch möglich, eine andere Geräuschquelle für das Clickertraining zu benutzen, z.B. mit der Zunge zu schnalzen oder mit einem Kugelschreiber zu klicken. Beide Methoden haben jedoch Nachteile: Beim Schnalzen mit der Zunge hört sich das dabei entstehende Geräusch jedes Mal ein klein wenig anders an. Dies erschwert das Training für das Tier und kann es so stark verwirren, dass es das Üben schließlich völlig verweigert. Auch beim Verwenden eines Kugelschreibers besteht eine ähnliche Gefahr, denn das Klicken des Stiftes ist häufig nicht charakteristisch genug. Benutzen Sie außerhalb des Trainings einen Kugelschreiber mit einem ähnlichen Klickgeräusch und ignorieren dabei Ihr Tier, so kann das für den kleinen Nager sehr frustrierend sein, da er natürlich davon ausgeht, Sie hätten seinetwegen geklickt.

Es ist also sicher sinnvoll, einen Clicker zu kaufen, zumal dieser mit zwei bis fünf Euro auch relativ preiswert und in fast jedem Zoofachgeschäft, Fachabteilungen oder Internet-Shops erhältlich sind. In der Regel sind diese Clicker für das Training mit Hunden gedacht, sie eignen sich aber genauso gut für das Clickertraining mit Meerschweinchen, Kaninchen und Co.

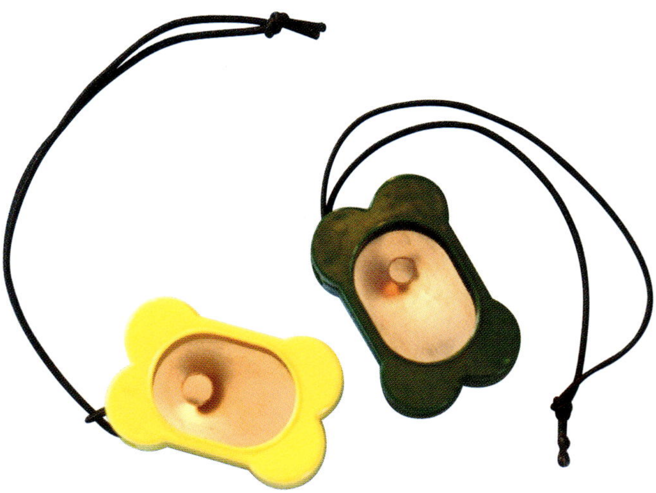

Clicker gibt es in verschiedenen Ausführungen im Zoofachhandel zu kaufen.

Wieso clickern?

Beim Trainieren von Tieren muss die Belohnung möglichst bald nach der Reaktion erfolgen, fast zeitgleich, denn nur dadurch wird der Lernerfolg vergrößert. Das rasche Klicken unmittelbar beim gewünschten Verhalten ist schneller durchzuführen als das kurz darauf folgende Geben des Belohnungsleckerbissens. Das Klickgeräusch ist außerdem immer gleich und so lernt Ihr Nager oder Kaninchen nach einigen Übungen, dass es nach dem Klick sofort belohnt wird.

„Klick" bedeutet: gut gemacht – Belohnung folgt. Der Clicker stellt also eine Verbindung zwischen dem gewünschten Verhalten und der Belohnung für dieses Verhalten dar. Das Klickgeräusch erleichtert dem Tier zu verstehen, dass es etwas richtig ausgeführt oder sich richtig verhalten hat. Hört Ihr Nager nach einigen Unterrichtsstunden das bekannte Klicken, so verbindet er es mit etwas Positivem, der Belohnung. Man sagt auch, das Klicken wurde konditioniert.

Kaninchen Tristan weiß: Nach dem Click folgt die Belohnung.

> **Tipp**
>
> ### Kleine Angsthasen
>
> Für geräuschempfindliche Tiere eignen sich professionellere Clicker-Modelle mit der Möglichkeit, die **Lautstärke zu regulieren**.

Clicker richtig einsetzen

Mit dieser Schritt-für-Schritt-Anleitung kommen Sie zum Ziel:

1 Konditionieren Sie das Tier auf den Clicker (siehe Seite 34 ff.).

2 Erstellen Sie einen Übungsplan:
- Was ist das Ziel der Übung?
- In welche einzelnen Schritte bzw. Bewegungsabläufe kann die Übung aufgeteilt werden?
- Notieren Sie sich die einzelnen Teilschritte in der richtigen Reihenfolge.

3 Und so geht's:
- Üben Sie jeden Teilschritt langsam und sorgfältig einzeln ein.
- Beherrscht das Tier nach einigen Tagen einen Teilschritt, gehen Sie zum nächsten über.
- Arbeiten Sie sich mit Ihrem Tier Schritt für Schritt vor, bis die gesamte Übung steht. Viele kleine Erfolge führen dabei zum Ziel.

Aha!

Die Bedeutung lernen

Kein Tier weiß auf Anhieb in der ersten Trainingsstunde, dass das Klickgeräusch bedeutet: „Gerade habe ich etwas sehr gut gemacht und bekomme gleich eine Belohnung." Deshalb muss der Clicker zuerst konditioniert werden (siehe Seite 34 ff.).

Mit dieser Methode lernt Ihr tierischer Trainingspartner, sich eine Übung schrittweise zu erarbeiten, weil jede Bewegungsform auf dem Weg zum Übungsziel einzeln eingeübt und belohnt wird – bei kleineren Abschnitten fällt das Lernen leichter als bei größeren. Dadurch werden die Gesamtübungen für das Tier eher verständlich und können wiederholt werden.

Jeder Teilschritt wird durch das Klickgeräusch und die anschließende Belohnung verstärkt und erst, wenn nach einigen Übungstagen eine Bewegung gut klappt, geht man zum nächsten Schritt über. Durch kleine Zwischenziele bekommen Ihr Tier und Sie mehr Erfolgserlebnisse.

Mit Hilfe des Clickers ist es leichter möglich, dass unmittelbar im Moment der gewünschten Bewegung die Verstärkung erfolgt – gerade weil eine kleine Teilbewegung manchmal nur sehr kurze Zeit dauert. Die Zeit für ein schnelles „Klick" reicht jedoch aus und das Tier weiß bald: Die Belohnung folgt sogleich. Mit ein wenig Geduld kann man so seinem Trainingspartner auch kompliziertere und längere Bewegungsabfolgen beibringen.

Vorteile des Clickertrainings

- Clickertraining basiert auf Belohnung und nicht auf Bestrafung. Der Nager macht keine negativen Erfahrungen, deshalb wird die Mensch-Tier-Beziehung während des Trainings immer besser.
- Als Clickertrainer braucht man keine großen Vorkenntnisse. Jeder kann mit seinem Nager üben, solange er mit Geduld, Spaß und ein klein wenig Konsequenz an die Sache geht.
- Clickertraining ist mehr als das Beibringen von Kunststücken. Mit Hilfe von gezielten Übungen können auch manche Verhaltensprobleme, wie z.B. Kratzen beim Hochnehmen, gelöst werden.
- Clickertraining gibt dem Tier ein Gefühl der Sicherheit. Es lernt, dass es in der Lage ist, mit seinem Menschen zu kommunizieren und an Veränderungen in seinem Umfeld aktiv mitzuarbeiten. Dadurch übt es eine gewisse Kontrolle gegenüber seinem Menschen aus.
- Clickertraining ist eine kostengünstige Trainingsmethode. Zusätzlich zum Clicker ist nur noch ein „Targetstick" (siehe Seite 42) notwendig, den Sie leicht selbst basteln können.

Macht Clickern wunschlos glücklich?

Vielleicht erscheint Ihnen diese Frage auf den ersten Blick ein wenig verwirrend. Wurde nicht bisher ausführlich erläutert, welch positive Wirkung das Clickertraining auf Mensch und Tier hat? Dass es die Mensch-Tier-Beziehung stärkt und Langeweile entgegenwirkt, sogar kleinere Verhaltensauffälligkeiten verringern kann?

Keineswegs möchte ich diese Feststellungen nun plötzlich widerlegen. Doch auch wenn Clickertraining eine ideale Beschäftigungsmethode für Nager ist, will ich an dieser Stelle darauf hinweisen, dass trotz Clickertraining andere wichtige Bereiche in der Heimtierhaltung nicht vernachlässigt werden dürfen. Denn ein Tier, das mit seinem Menschen Clickertraining übt, jedoch die restliche Zeit einsam und ohne Artgenossen in einem viel zu kleinen Käfig sitzt, wird auch trotz Clickertraining kein glückliches Tier werden. Es gibt viele Möglichkeiten, sich über die Bedürfnisse und Wünsche seines Heimtiere zu informieren, z.B. in Fachbüchern und dem Internet.

Im Folgenden möchte ich einen kurzen Überblick darüber geben, welche Grundregeln es bei der artgerechten Tierhaltung zu beachten gibt. Denn wer diese nicht erfüllen kann, sollte seine Energie nicht in das Clickertraining investieren, sondern zunächst die Lebensbedingungen seines Tieres optimieren.

Bei der Wahl des Geheges gilt grundsätzlich: Je größer, desto besser. Bedenken Sie, dass Ihre Nager den Großteil ihres Lebens darin verbringen werden. Tiere in zu kleinen Käfigen leiden häufig an starkem Übergewicht, einer Unterentwicklung der Muskulatur und Langeweile. Eine Auslaufmöglichkeit, die an den Käfig angebaut und abwechslungsreich gestaltet ist, wird von den Tieren gerne angenommen.

Die Einrichtung im Gehege sollte abwechslungsreich und möglichst aus Naturmaterialien gestaltet sein. Was nützt ein Schlafhaus aus Plastik, wenn das Kaninchen nicht daran knabbern darf? Zudem entsteht in Plastikhäusern oft Staunässe, was zu gesundheitlichen Problemen führen kann. Schön ist es

Häufige Streicheleinheiten sind wichtig für das Wohlbefinden.

auch, die Käfigeinrichtung ab und an zu variieren, um für mehr Abwechslung zu sorgen.

Kaninchen, Meerschweinchen, Chinchillas und viele andere kleine Nager leben naturgemäß in Familienverbänden und fühlen sich nur mit mindestens einem Artgenossen richtig wohl. Dass der Artgenosse aus derselben Tierart stammen sollte, ist einleuchtend, schließlich möchten wir auch nicht den Rest unseres Lebens mit einem Affen ohne Kontakt zu anderen Menschen verbringen. Die Ausnahme hierbei bilden Hamster. Die meisten Hamsterarten sind Einzelgänger und sollten auch im Gehege alleine gehalten werden, da es sonst fast immer zu blutigen Kämpfen kommt.

Heu, Gemüse, Obst, Körner … Informieren Sie sich darüber, was Ihre Nager und Kaninchen alles fressen dürfen. Sie werden staunen, wie groß die Auswahl dabei ist. Eine ausgewogene und abwechslungsreiche Nahrung hält Ihr kleines Heimtier gesund und fit. Das Grundfutter sollten Sie dabei jedoch wenn möglich nicht allzu oft wechseln, sondern lieber mit verschiedenem Gemüse usw. ergänzen, denn ein allzu abrupter Grundnahrungswechsel kann zu Verdauungsschwierigkeiten und Durchfall führen.

Treffpunkt Futterplatz: Rohkost ist gesund und schmeckt lecker!

Jede Nagerart weist spezifische Verhaltensmuster auf. Um ein harmonisches Zusammenleben mit Ihren Tieren zu gewährleisten, sollten Sie wissen, was Ihre Nager Ihnen mit einem bestimmten Verhalten mitteilen möchten. Dies ist auch beim Clickertraining ernorm wichtig, damit Sie auf das Verhalten Ihres Tieres richtig reagieren und beispielsweise das Lerntempo verlangsamen können.

Trotz guter Haltung und Pflege kann es vorkommen, dass ein Nager krank wird. Dabei muss es sich nicht gleich um eine schlimme Erkrankung handeln, doch ist diese Entscheidung als Laie oftmals nur schwer zu treffen. Durch den schnellen Stoffwechsel kann aus einer scheinbar leichten Erkrankung schnell ein ernsthafter Notfall werden, z.B. aus einer Erkältung schnell eine lebensgefährliche Lungenentzündung. Zudem versuchen die kleinen Tiere, Krankheitsanzeichen lange zu verbergen. Wenn Sie erstmals feststellen, dass es einem Ihrer Tiere nicht gut geht, können die Beschwerden schon weit vorangeschritten sein. Sollten Sie deshalb den Verdacht haben, dass mit einem Ihrer Nager etwas nicht stimmt, z.B. wenn er sich auffallend anders verhält als üblich oder schlechter frisst, suchen Sie bitte rasch einen Tierarzt auf, der sich gut mit Kaninchen und Nagern auskennt.

Was ist, wenn...?

Was tue ich, wenn mein Tier ein positives Verhalten zeigt, ich aber gerade keinen Clicker zur Hand habe?

Natürlich können Sie nicht den ganzen Tag mit einem Clicker in der Hosentasche herumlaufen. Es ist aber trotzdem möglich, den Nager zu belohnen, wenn er spontan ein gewünschtes Verhalten zeigt. So können Sie ihn z.B. durch freundliche Ansprache loben und ihm so Ihre Aufmerksamkeit und Anerkennung demonstrieren. Oder Sie legen sich im Zimmer kleinere Leckerbissendepots an, auf die sie bei Bedarf zugreifen können. Es ist dann auch nicht schlimm, wenn einmal das Klickgeräusch zwischen dem gezeigten Verhalten und dem Belohnungsleckerbissen fehlt. Leckerbissendepots funktionieren natürlich nur bei Futtermitteln, die nicht verderben.

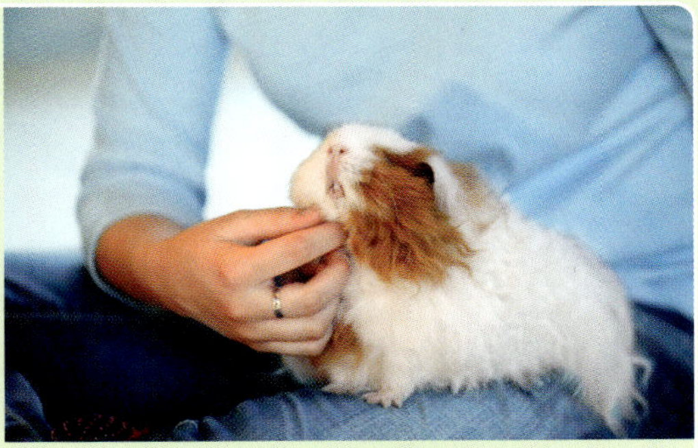

Stimmt es, dass man während des Trainings nicht mit seinem Tier reden darf?

Auch wenn das Clickertraining eine spielerische Art des Trainings ist, so muss sich der Nager dabei doch konzentrieren und überlegen, was Sie gerade von ihm verlangen. Wenn Sie nun während dieser Denkphase unaufhörlich auf Ihren Trainingspartner einreden, lenkt ihn dies mehr ab, als dass es ihm hilft. Natürlich heißt das nicht, dass Sie nun während des gesamten Clickertrainings schweigen sollen. Im Gegenteil, das wäre ebenfalls kontraproduktiv, da es Ihren Nager verunsichern würde, wenn Sie sich in seiner Gegenwart nun plötzlich völlig ruhig verhalten.

Ein gesundes Mittelmaß zu finden, ist nicht immer einfach, aber sicher der beste Weg. Ab und an das Tier freundlich beim Namen nennen kann beim Training durchaus hilfreich sein, z.B. um es damit zu locken, wenn es sich vor einem neuen Hindernis fürchtet. Und natürlich sollten Sie Ihr Tier ausgiebig loben, wenn es eine Übung oder auch nur einen Teilschritt richtig gemacht hat.

Clickeralltag

Clickern mit Hund, Katze, Maus ...?

Im Grunde gibt es keine Tierart, die man nicht mit Hilfe des Clickers trainieren könnte. Das Grundprinzip – die Konditionierung auf den Clicker – ist dabei stets das gleiche.

Der „Knackfrosch“ wird schon seit einiger Zeit erfolgreich beim Training von Filmtieren eingesetzt – und die Spanne der verschiedenen „Schauspieler“ ist groß: Außer Hund, Katze oder Pferd werden auch Kuh, Esel, Huhn, Rabe, Eule und viele kleinere Arten unseres Tierreichs trainiert. So sind Kaninchen, Meerschweinchen, Chinchilla, Ratte und Co. allesamt mit Spaß bei der Sache. Allerdings gestaltet sich das Training bei Hamstern und Mäusen wegen ihrer Größe – beziehungsweise ihrer Kleinheit – und der Gefahr des Weglaufens ein wenig schwieriger als bei größeren Nagern und Kaninchen.

Pfiffige Nager: Ratten lernen schnell und gerne und eignen sich somit prima für das Clickertraining.

Aha!

Immer schön ruhig bleiben

Nager sind Fluchttiere und erschrecken sehr leicht. Unbekannte Geräusche wie das Klicken des Clickers können sie zunächst in Angst versetzen, genau wie hektische Bewegungen. Vermeiden Sie deswegen alles, was die Tiere erschrecken könnte und verwenden Sie wenn nötig einen Clicker mit Lautstärkeregelung.

Es gibt jedoch auch trotz großer Bemühungen immer wieder Tiere, die keinen Gefallen am Clickertraining finden. Eines meiner Kaninchen beispielsweise hat nie verstanden, warum es gerade in diesem Augenblick über eine Hürde springen sollte, wenn es doch noch so viele andere spannende Sachen im Zimmer zu erkunden gab.

Ist das bei Ihrem Nager der Fall, so seien Sie bitte nicht verärgert oder traurig, sondern akzeptieren Sie, dass die Interessen Ihres Tieres in eine andere Richtung gehen. Clickertraining ist Teamsache und wenn sich einer der Partner dabei nicht wohl fühlt, so sollte man nach einer anderen Möglichkeit suchen, sich mit seinem pelzigen Freund zu beschäftigen. Zum Glück sind trainingsunwillige Tiere jedoch eine Ausnahme und meist steht dem spielerischen Unterricht mit dem Haustier nichts im Weg.

Die verschiedenen Hürden müssen an Größe und Kondition des jeweiligen Tieres angepasst werden.

Clickern mit Nagern und Kaninchen?

Nachfolgend sind wichtige Punkte beschrieben, die Sie je nach Art Ihres kleinen Heimtiers beim Clickertraining beachten sollten.

Kaninchen:

- Kaninchen sind sehr stressempfindliche Tiere, die sich leicht erschrecken können.
- Aufgrund ihrer Anatomie (z.B. die kräftigen Hinterläufe) können Kaninchen gut springen und eignen sich deshalb besonders für dementsprechende Übungen.
- Klettern können sie jedoch kaum. Übungen wie das Klettern über eine Leiter, ein Seil oder andere Gegenstände sollten deswegen aus dem Trainingsplan gestrichen werden.

Meerschweinchen:

- Meerschweinchen eignen sich aufgrund ihres ruhigen Wesens sehr gut zum Clickertraining.
- Sie sind gutmütig und duldsam. Umso wichtiger ist es, dass Sie auch auf kleinste Stressanzeichen achten, um Ihre Meerschweinchen beim Clickertraining nicht zu überfordern.
- Meerschweinchen haben einen recht plumpen Körperbau mit kurzen Beinchen. Anders als es auf den ersten Blick vielleicht scheint, können sie trotzdem sehr flink laufen, jedoch nur schlecht klettern. Beim Springen sind sie recht ungeschickt und verletzen sich leicht, weshalb Sie entsprechen-

> **Aha!**
>
> **Kaninchen sind keine Nager**
>
> Anders als häufig angenommen, gehören Kaninchen nicht in die Familie der Nager, sondern in die der Hasenartigen (Leporidae). Da sie in ihrem Verhalten und ihrer Haltung den Nagern jedoch recht ähnlich sind, umfasst der Begriff „Nager“ in diesem Buch der Einfachheit halber auch die Kaninchen in all ihren Variationen.

Röhren aus Naturmaterial sind auch für Degus beliebte Spielplätze.

de Übungen mit einem Meerschweinchen besser unterlassen sollten.

Degus und Chinchillas:

- Sowohl Degus als auch Chinchillas sind sehr flinke Tiere, die fast immer in Bewegung sind. Beachten Sie dies bei der Wahl Ihres Trainingsorts, sonst kann die Übungsstunde leicht in einer großen Suchaktion enden, wenn der kleine Nager wegläuft und sich hinter dem Schrank versteckt.

Tipp

Erfolgsrezept

Überlegen Sie sich vor jeder Übung, ob es Ihrem kleinen Nager aufgrund seiner artspezifischen Merkmale überhaupt möglich ist, das zu tun, was Sie von ihm verlangen. Sie werden die größten Erfolge beim Clickertraining mit Ihren Nagern erzielen, wenn Sie die Übungen auf dem natürlichen Verhalten der Tiere aufbauen.

Häufig eignet sich das Badezimmer als Trainingsort gut, da es dort am wenigsten Versteckmöglichkeiten gibt. Wichtig: Schließen Sie den Deckel der Toilette, damit kein Tier hineinfällt!

- Degus und Chinchillas lieben dunkle Höhlen und Tunnel, weshalb ihnen Übungen mit diesen Gegenständen oftmals nicht schwer fallen.
- Sowohl Degus als auch Chinchillas können sehr gut klettern. Mit kleinen Leitern aus Holz, Ästen oder Naturseilen können Sie einen abwechslungsreichen Trainingsparcours für die Nager gestalten.

Ratten:

- Ratten erfreuen sich als Haustiere in den letzten Jahren immer größerer Beliebtheit. Ihr negatives Image als Krankheitsüberträger oder Begleiter von rebellischen Jugendlichen, wofür vor allem auch die Medien verantwortlich sind, konnte durch eine bessere Kenntnis der possierlichen Tierchen nach und nach überwunden werden.
- Wer sich näher mit Ratten beschäftigt, merkt schnell, dass es sehr soziale und vor allem sehr kluge Tiere sind.
- Sicher haben auch Sie schon einmal davon gehört, dass Ratten innerhalb kürzester Zeit aus komplizierten Labyrinthen finden oder seit neustem auch für die Sprengstoffsuche eingesetzt werden. Deshalb liegt es nicht fern, dass Ratten auch beim Clickertraining besonders geschickt sind und mit großem Eifer neue Übungen erlernen.
- Einschränkungen beim Training mit Ratten gibt es eigentlich keine, die kleinen Nager sind geschickte Klet-

terer und können auch verschiedene Hindernisse gut bewältigen. Deshalb gibt es keine Übung, die man von vorneherein aus dem Trainingsplan streichen müsste.

Weitere Tiere:

- Natürlich eignen sich auch viele andere Nager wie Hamster und Mäuse zum Clickertraining. Die flinken Nager können sich jedoch leicht unter Möbeln usw. verstecken, das muss bei der Umgebung berücksichtigt werden.
- Grundsätzlich kann Clickertraining bei jedem Tier bis zu einem gewissen Grad angewendet werden – es gibt sogar Berichte darüber, dass Fische mit Hilfe von Clickertraining gelernt haben, auf Signal durch einen Reifen zu schwimmen.
  Deshalb: Nur keine Scheu, probieren Sie einfach aus, ob auch Ihr Heimtier mit Freude beim Clickertraining dabei ist.

Altersbeschränkung beim Clickern?

Es ist ein weit verbreitetes Vorurteil, dass nur junge Tiere fähig wären, neue Verhaltensweisen zu erlernen.

Dies wurde auch beim Training mit meinen Meerschweinchen deutlich, von denen Meerschweinchen „Romeo“ am schnellsten das Prinzip des Clickertrainings verstanden hatte, obwohl er zu Beginn des Trainings schon 5 ½ Jahre war – ein relatives hohes Alter für die kleinen Nager.

Eine Altersgrenze für das Clickertraining gibt es nicht. Junge Tiere können mit den Übungen beginnen, sobald sie nicht mehr gesäugt werden und selbstständig Nahrung zu sich nehmen.

Tipp

Trainingszeiten

Üben Sie am besten dann mit den Tieren, wenn sie sowieso aktiv sind: Wecken Sie die Tiere auf keinen Fall dafür. Das stresst sie und mindert den Trainingserfolg. Manche Nager, wie Chinchillas und die meisten Hamster, sind vorwiegend nachts und in der Dämmerung aktiv – passen Sie das Training an diese Zeiten an.

In diesem Alter sind Nager jedoch noch sehr leicht ablenkbar. Es ist für sie schon schrecklich aufregend, wenn sie aus ihrem Gehege genommen werden und sie können sich dann häufig noch nicht richtig auf die Übungsstunde konzentrieren.

Es hat sich deshalb als hilfreich erwiesen, wenn man mit dem Trainingsbeginn wartet, bis die Tiere aus dem „Teenageralter“ heraus, also fast ausgewachsen, und somit schon ein

Keine Langeweile im Hamsterheim dank Clickertraining.

wenig ruhiger geworden sind. Beispielsweise beträgt das ideale Einstiegsalter bei Meerschweinchen und Kaninchen etwa vier bis sechs Monate, bei Ratten ungefähr zwei bis vier Monate.

Bei älteren Tieren sollten Sie nur beachten, dass diese in ihren Bewegungen manchmal ein wenig eingeschränkt sind. Übungen wie „Männchen machen ohne Aufstützen“ (siehe Seite 59) sind für sie deshalb schwieriger als für ihre jüngeren Artgenossen und sollten aus dem Programm genommen werden, wenn die Gefahr besteht, dass Ihr Nager oder Kaninchen sich dabei verletzen könnte.

Wer ist Trainer?

Clickertraining ist eine einfache Methode, seinem Heimtier spielerisch bestimmte Verhaltensmuster zu lehren. Entsprechend sind auch an die Trainingsperson keine speziellen Voraussetzungen gestellt, sofern sie die hier beschriebenen Grundzüge des Trainingsprinzips verstanden hat und diese auch mit Konsequenz, Geduld, aber vor allen Dingen mit viel Spaß durchsetzt. Am einfachsten ist es, wenn der Trainer für das Tier nicht völlig fremd ist. Haben Sie Ihren kleinen Nager erst vor kurzem bei sich zu Hause aufgenommen, kann natürlich niemand diese Voraussetzung erfüllen, weswegen Sie die Übungsstunden besonders behutsam angehen sollten.

Auch Kinder eignen sich hervorragend als Übungspartner für Nager, manche von ihnen haben sogar ein größeres Einfühlungsvermögen in die Gefühlswelt der kleinen Tiere als viele Erwachsene. Auch wenn Clickertraining eine recht einfache Trainingsmethode und deshalb auch für Kinder gut geeignet ist, reagieren dennoch nicht alle Kinder gleichermaßen verständnisvoll und geduldig, wenn ihr kleines Heimtier nicht sofort tut, was es soll. Um Missverständnisse und Stress sowohl für Mensch und Tier zu vermeiden, sollten die ersten Übungsstunden deshalb von einem Erwachsenen angeleitet und beaufsichtigt werden, damit das Kind keine Fehler macht und seinem kleinen Freund so ungewollt Schaden zufügt.

Mehrere Personen können das Training gleichzeitig gestalten, indem sich eine Person nur auf die Aufgabe

Aha!

Vertraute Gesichter

Um den Nager nicht zu verwirren, sollte der Übungspartner zu Beginn des Trainings nicht allzu oft gewechselt werden.

Mit jungen Kaninchen können Sie jederzeit mit dem Clickertraining beginnen.

des Klickens und des Belohnunggebens konzentriert und die andere den Targetstick (siehe Seite 42) führt. Gerade am Anfang kann dies die Übungsstunde sogar erleichtern, da der Übungspartner nicht auf so viele Dinge gleichzeitig Acht geben muss.

Einzel- oder Gruppentraining?

Eine eindeutige Antwort auf diese Frage gibt es nicht. Jedes Tier verhält sich ein klein wenig anders als seine Artgenossen und so gibt es Nager, die sich am wohlsten fühlen, wenn ihre Käfiggenossen an den Übungsstunden mit teilnehmen, andere hingegen werden dadurch nur nervös und verunsichert. Sehr häufig jedoch lassen sich Tiere sehr leicht ablenken, wenn in einer Gruppe trainiert wird. Gruppentraining ist auch deshalb schwierig, weil dann Nager dabei sind, die in der Rangordnung weiter oben stehen. Diese Tiere drängen sich im Training häufig in den Vordergrund, um möglichst viele Leckerbissen zu bekommen, während die anderen sich verschüchtert aus dem Training zurückziehen.

Es gibt jedoch auch einen eindeutigen Vorteil, wenn mit mehreren Tieren gleichzeitig trainiert wird: den Nachahmungseffekt. Hat einer Ihrer kleinen Trainingspartner einmal das Prinzip einer Übung verstanden und seine Artgenossen beobachten ihn, wie er das gewünschte Verhalten ausführt und dafür belohnt wird, so werden manche von ihnen schon nach kurzer Zeit versuchen, den anderen nachzuahmen, um ebenfalls einen Leckerbissen zu bekommen.

Trotz dieser Tatsache ziehe ich persönlich das Einzel- dem Gruppentraining vor. Die Übungsstunde mit dem Clicker gibt mir die Gelegenheit, mich individuell mit jedem meiner kleinen Hausbewohner zu beschäftigen. Während des Trainings versuche ich so gut wie möglich auf die Schwächen und Stärken meines Trainingspartners einzugehen, ein Aspekt, der beim Gruppentraining oftmals ein wenig vernachlässigt wird.

Nicht immer läuft Gruppentraining so harmonisch ab wie bei diesen zwei Freunden.

Dürfen denn während des Trainings andere Nager im Zimmer sein, die auch auf den Clicker konditioniert sind, aber nicht an dieser Übungsstunde teilnehmen?
Nein, während des Trainings sollten sich keine anderen „Clickertiere“ im Zimmer befinden, wenn diese nicht teilnehmen dürfen. Es wäre für die kleinen Nager nur schwer zu verstehen, warum Sie klicken, die Tiere daraufhin aber nicht belohnen. Hören die Nager das Clickgeräusch zu oft, ohne einen Belohnungsleckerbissen zu bekommen, ist es möglich, dass dadurch die Konditionierung des Clickers geschwächt wird.

Training: Wo und wie?

Obwohl es möglich ist, seinem Nager die allerersten Schritte des Clickertrainings im Gehege beizubringen, ist dies kein idealer Trainingsort.

Die Tiere sind es gewohnt, in ihrem Gehege ganz sich selbst überlassen zu sein, es gibt dort für sie weder Regeln noch Einschränkungen.

Deshalb tun sie sich schwer, wenn Sie von Ihnen nun plötzlich Vorschriften auferlegt bekommen – abgesehen davon, dass ein kuscheliges Schlafhäuschen oder der gefüllte Futternapf zur Trainingszeit manchmal viel verlockender als die schönste Übungsstunde sein können.

Ein voller Bauch trainiert nicht gern! Ein Besuch am Futterbaum unmittelbar vor dem Training macht Belohnungsleckerbissen oftmals uninteressant.

Am besten trainieren Sie mit Ihrem Tier an einem neutralen Ort. Es sollte dort möglichst wenig interessante Gegenstände geben, damit Ihr kleiner Trainingspartner nicht so leicht abgelenkt wird.

Es hat sich als hilfreich erwiesen, wenn Sie mit Ihrem kleinen Freund immer am gleichen Ort üben. Nach einer Weile wird der Nager den Übungsraum mit dem Clickertraining verbinden. Er weiß dann schneller, was von ihm gefordert ist, sobald Sie mit ihm den Trainingsort betreten.

Trotzdem ist es natürlich möglich, den Trainingsort bei Bedarf zu wechseln. Seien Sie jedoch nicht enttäuscht, wenn die erlernten Übungen an einem neuen Ort zu Beginn nicht genauso gut klappen wie in der gewohnten Umgebung. Denn auch der Ort der Handlung wird in die Verknüpfung von Handlung und Klickgeräusch mit einbezogen. Wechselt der Ort nun, wird eine Trainingskomponente verändert, was die Übung für den Nager zunächst schwieriger und unbekannt erscheinen lässt. Dies wird sich jedoch nach wenigen Übungsstunden wieder geben, spätestens dann, wenn der neue Trainingsort ausgiebig markiert und als neues Revier anerkannt wurde.

Belohnungen für Leckermäuler

Clickertraining hat viele Vorteile, sowohl für Sie als auch für Ihren Nager (siehe Seite 14).

Doch wie erklären Sie Ihrem Heimtier zu Beginn des Trainings, dass sich sein Engagement in den Übungsstunden lohnt?

Ganz einfach: Sie müssen etwas finden, was das Training für das Tier zu einem Erfolg macht und zwar schon in der allerersten Übungsstunde. An dieser Stelle kommt die Belohnung beim Clickertraining ins Spiel. Dabei kann es sich um eine Streicheleinheit oder um einen Leckerbissen handeln. Letzteres ist die gängigste, einfachste und für die meisten Nager auch begehrteste Belohnungsmethode, da Nagetiere allesamt sehr gerne fressen und sich liebend gern besondere Leckerbissen zustecken lassen. Verzichten Sie auf Leckerbissen, die Zucker und Melasse enthalten. Auch wenn Ihre Tiere diese gerne mögen, schaden sie doch ihrer Gesundheit!

Die Motivation zum Training ist noch größer, wenn das Tier sich nicht vor fünf Minuten satt gefressen hat. Es ist dann hungriger und wird sich noch mehr anstrengen, die Belohnung zu bekommen.

Achtung gefährlich: Allerdings dürfen Sie Ihre Nager zu diesem Zweck niemals hungern lassen! Meerschweinchen, Kaninchen, Chinchilla und Co. sind Dauerfresser. Ihr Darm besitzt nur eine geringe Muskulatur, weshalb man ihn als Stopfdarm bezeichnet. Das zerkleinerte Futter wird nicht wie beim Menschen durch eine Darmbewegung transportiert, sondern nur durch nachkommendes Futter weiter geschoben. Entzieht man den kleinen Nagern nun ihr Futter und sei es nur für wenige Stunden, kann die komplette Verdauung gestört werden, was zu einer ernsten Gefahr für die Tiere werden kann. Zu große Abstände zwischen den einzelnen Mahlzeiten können außerdem zu einer Magenüberladung bis hin zu einem Magenwandriss führen, wenn das Tier nach einer langen Essenspause zu große Mengen Futter auf einmal frisst.

Tipp

Umgebungscheck

Üben Sie an einem für den Nager unbekannten Ort, so ist es von Vorteil, das Tier dort zuerst einmal die Gegend erkunden zu lassen, damit es nicht vor lauter Neugier während des Trainings unaufmerksam ist oder von der unbekannten Umgebung eingeschüchtert ist.

Streicheleinheiten stehen gleich hinter Leckerbissen auf der Top-Ten-Liste der Belohnungen.

Schnell-Check

Beliebte Leckerbissen	
Löwenzahn	
Salat	
Möhrenbrei (selbst gekocht oder aus Babygläschen)	
Naturjoghurt	
Erbsenflocken	
Sonnenblumenkerne	
geviertelte Nüsse (sehr fetthaltig – nur sparsam füttern)	

Der sogenannte Jackpot ist der Belohnungsleckerbissen, den das Tier bekommt, wenn es etwas besonders Tolles gemacht hat, beispielsweise wenn eine neue Übung zum ersten Mal richtig gut geklappt hat. Er sollte ein wenig größer sein als die Leckerbissen während des Trainings, z.B. eine halbe oder eine ganze Nuss statt einer viertel.

Der Jackpot dient dazu, die Konzentration auf die Lernaufgabe zu steigern. Das Tier soll durch die Gabe eines einzelnen größeren Leckerbissens dazu angespornt werden, sich noch mehr anzustrengen, in der Hoffnung, dass es wieder einen neuen Jackpot bekommt. Dadurch gestaltet sich das Training interessanter, da Ihr Nager nie weiß, wann es einen neuen Jackpot bekommt. Außerdem kommt so nicht so leicht Frustration auf, wenn nach einer längeren Einheit des Suchens und Probierens ein besonderer Leckerbissen auf das Tier wartet.

Nach einem besonders gelungenen Trainingsschritt gibt es einen Salat-Jackpot.

Was ist, wenn ...?

Wie finde ich den geeigneten Belohnungsleckerbissen?

Sicher gibt es eine Vielzahl von Futterarten, die Ihrem kleinen Freund gut schmecken. Beim Clickertraining ist es jedoch wichtig, dass Sie den **absoluten Lieblingsleckerbissen** Ihres Nagers herausfinden, damit er auch wirklich „alles gibt“, um diesen zu bekommen.

Um herauszufinden, was Ihrem Heimtier am allerliebsten schmeckt, können Sie einen Teller mit verschiedenen Futtersorten vorbereiten und diesen dann Ihrem Nager **anbieten**.

Das Futter, welches **als erstes aufgegessen** wird, ist mit großer Wahrscheinlichkeit das Lieblingsgericht Ihres Nagers.

Tipp: Haben Sie den geeigneten Belohnungsleckerbissen herausgefunden, so sollten Sie ihn möglichst vom normalen Futterplan streichen.

So lassen sich beispielsweise meine Meerschweinchen nur sehr schwer zum Training motivieren, wenn sie schon den ganzen Tag über Salat (ihre Belohnung beim Clickertraining) zur Verfügung hatten. Deshalb bekommen meine Meerschweinchen nur morgens eine Portion Salat und dann den Tag über anderes Futter, damit sie bis zum abendlichen Training wieder großen Appetit auf Salat bekommen. Ganz vom Futterplan streichen darf man manche Futtermittel wie Salat und Grünfutter nicht, da sie ja zu den Grundnahrungsmitteln der Tiere gehören. Damit

Ihre Tiere gesund bleiben, muss das Futter ausgewogen sein.

Wie wird belohnt?

Belohnt wird jedes Mal, nachdem geklickt wurde. Dabei ist es wichtig, dass die Belohnung wirklich **unmittelbar nach dem Geräusch** erfolgt, damit Ihr Nager die Belohnung auch mit dem Klicken verbindet.

- Wichtig ist, dass die Belohnung so **klein ist**, dass sie mit einem Bissen aufgegessen ist. Erstens wird das Tier dann nicht so schnell satt, zweitens vergisst es bei einem zu großen Leckerbissen am Ende,

warum es die Belohnung bekommen hat, wenn es zu lange damit beschäftigt ist, z.B. sein großes Salatblatt zu mümmeln.

> Manche Tiere lassen sich während des Trainings zu stark **ablenken**, wenn sich die Belohnung schon in ihrer Reichweite befindet. In diesem Fall können Sie den Belohnungsleckerbissen in der Hand hinter dem Rücken verstecken oder – was beim gleichzeitigen Handhaben mit Clicker, Targetstick und Belohnung einfacher ist – einen Stuhl oder Hocker zur Hilfe nehmen und den Behälter mit den Leckerbissen darauf platzieren.

Was tun bei scheuen Nagern?

Klingt die Theorie des Belohnens auch recht einfach, so ergeben sich in der Praxis doch oftmals Probleme dabei. Denn gerade wenn Sie ein sehr scheues Tier haben, das mit Hilfe des Clickertrainings **mutiger werden** soll, kann es sein, dass der Nager Ihnen zu Beginn des Trainings überhaupt keinen Leckerbissen **aus der Hand fressen** wird. Doch wie soll man ein Tier auf das Klickgeräusch konditionieren, wenn man es nicht belohnen kann?

Bei professionellen Trainings von Vögeln für Shows und Fernsehen wird seit einigen Jahren der Einsatz des Clickers immer beliebter. Die Vogel-Trainer haben eine Lösung gefunden – die „**Schälchenmethode**". Diese funktioniert so: Der Trainer klickt, legt den Belohnungsleckerbissen in ein kleines Schälchen, entfernt sich und wartet, bis der Vogel die Belohnung aus dem Schälchen genommen und gegessen hat. Anschließend wiederholt er das ganze, wobei er sich nach und nach immer weniger von dem Schälchen entfernt und so das Tier an die Nähe des Menschen gewöhnt. Eine etwas abgeänderte Version ist, dass erst dann geklickt wird, wenn der Vogel zum Schälchen getrippelt und kurz davor ist, den Belohnungsleckerbissen aufzupicken. Wichtig ist jedoch bei beiden Variationen, dass das **Klickgeräusch** kommt, bevor der Vogel nach der Belohnung gepickt hat.

Die Schälchenmethode funktioniert bei Vögeln hauptsächlich deshalb, weil die gefiederten Heimtiere ihren Menschen genau beobachten und jede Bewegung, die er macht, gespannt verfolgen. Grundlage ist also die **visuelle Erfassung** des „Leckerbissen-in-Schälchen-Ablaufs“.

Bei Nagern lässt sich das Problem leider nicht so einfach lösen, denn sie haben kein so gutes **Sehvermögen** wie Vögel: Würden Sie nun ein Schälchen in einigem Abstand vor den Nager stellen und einen Sonnenblumenkern hineinlegen, würde das Tier dies mit größter Wahrscheinlichkeit überhaupt nicht bemerken. Stellen Sie das Schälchen jedoch näher an das Tier, kann es sein, dass der Nager sich **bedrängt fühlt** und den Leckerbissen nicht frisst.

Ein Patentrezept oder wenigstens eine genaue Anleitung, wie man Nagetiere dazu bekommt, Ihren Menschen aus der Hand zu fressen, gibt es meines Wissens nicht.

Ich persönlich hatte bis jetzt erst ein einziges Meerschweinchen, das auffallend ängstlich war und anfangs keine Leckerbissen aus der Hand nehmen wollte. Ich habe ihm trotzdem weiterhin jeden Tag Leckerbissen aus der Hand angeboten und siehe da, eines Tages hatte sich das furchtsame Meerschweinchen an die Anwesenheit meiner Hand gewöhnt und kam zaghaft angetrippelt um sich seine **Belohnung zu holen**.

Sie sehen, der Schlüssel zum Erfolg heißt auch in diesem Fall wieder **Geduld**. Sie können Ihrem Tier die Aufgabe jedoch erleichtern, indem Sie anfangs einen besonders **großen Leckerbissen** anbieten. Die Motivation für das Tier wird dadurch größer und es hat nicht das Gefühl, mit Ihrer Hand in Berührung kommen zu müssen um das beliebte Futtermittel zu bekommen. Um den Kontakt mit der Hand zu vermeiden, besteht außerdem die Möglichkeit, den Leckerbissen zunächst, ähnlich wie bei scheuen Vögeln, nicht direkt aus der Hand zu füttern. Stattdessen legt man ihn **auf einen Löffel** oder steckt ihn auf einen Holzspieß (ohne Spitze!) und hält ihn so dem Nager vorsichtig hin. Nach und nach kann man den Abstand zwischen Hand und Nager dann verringern, indem man beispielsweise den Holzspieß verkürzt.

Weitere Tipps, wie Sie Ihren Nagern helfen, Vertrauen zu Ihnen zu fassen, finden Sie im Kapitel „Berührungsängste verlieren“ ab Seite 57.

Clicker-Spaß

Richtig konditionieren

Bevor Sie Ihrem Tier Tricks mit dem Clicker beibringen können, muss es zuerst auf den Clicker konditioniert werden. So lernt es, das dem Click immer eine tolle Belohnung folgt.

Konditionierung heißt ...

a) Lernen, dass einem bestimmten Reiz ein anderer folgen wird.
b) Lernen, dass einer Aktion eine Konsequenz folgt.

Konditionierung ist nichts theoretisches, was im Labor geboren wurde, sondern auch in der Natur spielt die Konditionierung auf bestimmte Umwelteinflüsse eine wichtige Rolle, sichert sie in einigen Fällen sogar das Überleben des jeweiligen Tieres. Durch Konditionierung kann angeborenes oder schon erlerntes Verhalten so verändert werden, dass sich das Lebewesen besser an die Umweltbedingungen anpassen kann.

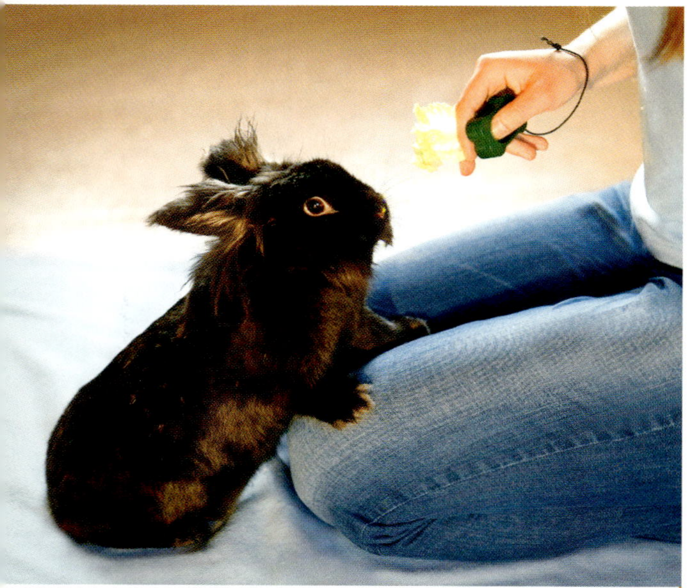

Bereits nach wenigen Übungsstunden kennt Ihr „Schüler“ die Verknüpfung: Click = Belohnung.

Beispiel: Eine Biene auf der Suche nach Nektar findet bei einer Blume von bestimmter Farbe mehr Blütensaft als bei andersfarbigen. Ist dies mehrmals der Fall, so wird sie bald nur noch diese stärker Erfolg versprechenden Blüten anfliegen. Bei der Biene hat eine Verknüpfung zwischen der Blütenfarbe (Reiz) und der Aufnahme von Nektar stattgefunden (belohnende Reizsituation).

Das angeborene Instinktverhalten der Nektarsuche wurde durch Lernen aufgrund unbewusster Konditionierung erweitert.

Auch Menschen sind auf verschiedene Dinge konditioniert. Dies ist ganz natürlich und geschieht meist unbewusst. Der Anblick einer Radarfalle veranlasst viele, auf die Bremse zu treten.

Beim Clickertraining wird der Nager darauf konditioniert, dass dem Klickgeräusch des Clickers eine Belohnung folgt. Bekommt er künftig jedes Mal einen Belohnungsleckerbissen, wenn er das Klicken hört, so verknüpft er schon bald das Gehörte mit der darauf folgenden positiven Handlung von Ihnen: dem Geben einer Belohnung.

Konditionieren: So geht's

Sie haben sich einen Clicker gekauft und das „Oberleckerli“ Ihres Tieres herausgefunden (siehe Seite 29)? Dann kann es losgehen mit dem ersten, grundlegenden Schritt des Clickertrainings: Das Konditionieren des Clickers.

1 Nehmen Sie den Clicker in die Hand und lassen Sie Ihren Nager an dem ungewohnten Gegenstand schnuppern, damit er sich an ihn gewöhnt.

2 Drücken Sie den Clicker und geben Ihrem Nager unmittelbar nach dem Klickgeräusch den Leckerbissen. Wichtig ist, dass die Belohnung sofort nach dem Klicken erfolgt, damit das Tier sie mit dem Geräusch in Verbindung bringen kann. Es soll lernen: Klick = Belohnung.

Würde das Leckerli zeitgleich mit dem Klickgeräusch gegeben werden, würde keine Verknüpfung stattfinden. Der Nager würde sich nur auf den Belohnungsleckerbissen konzentrieren und das Klickgeräusch gar nicht beachten.

Ist die Zeitspanne zwischen dem „Klick“ und der Belohnung hingegen zu lang, kann das Tier ebenfalls keine Verknüpfung zwischen beidem herstellen.

Aha!

Ganz natürlich

Das beim Clickertraining genutzte Prinzip der Konditionierung greift natürliches Verhalten auf. Daher ist das Clickertraining eine einfache und unkomplizierte Trainingsmethode.

Was ist denn das? Unbekannte Gegenstände dürfen zunächst einmal ausgiebig beschnuppert werden.

3 Wiederholen Sie den vorangegangenen Schritt ungefähr zehn Mal und beenden Sie Ihre erste Trainingseinheit, indem Sie klicken und dem Nager ein etwas größeres Leckerli geben, den Jackpot. So behält er die Übungsrunde mit Ihnen in guter Erinnerung und freut sich schon auf die nächste.

4 Das Konditionieren des Clickers ist die Grundlage des Trainings. Hat Ihr Tier nicht verstanden, dass nach dem Klick etwas Positives geschieht, so gestaltet sich das weitere Training sehr schwierig. Deshalb: Auch wenn Sie gerne schon mit den „richtigen“ Tricks anfangen möchten, gedulden Sie sich ein paar Tage und wiederholen Sie die Konditionierung des Clickers täglich ein- bis zweimal.

5 Wenn Sie das Gefühl haben, Ihr Tier hat die Übung verstanden, klicken Sie und warten ausnahmsweise einmal einen kurzen Moment, bevor Sie die Belohnung geben. Beobachten Sie das Verhalten Ihres Nagers: Schaut er suchend umher, schnüffelt oder reckt er sich? Herzlichen Glückwunsch! Sie können zum nächsten Schritt übergehen. Ihr Tier hat offensichtlich verstanden, dass nach dem Klickgeräusch die Belohnung erfolgt und wartet schon auf sein Leckerchen.

Aha!

Auf den Punkt!

Das richtige Timing ist beim Konditionieren enorm wichtig. Wenn Sie einmal zeitlich richtig klicken ist dies besser, als wenn Sie möglichst oft, jedoch immer zum falschen Zeitpunkt klicken. Verinnerlichen Sie also folgenden Ablauf: Sie klicken beim gewünschten Verhalten und die Belohnung erfolgt innerhalb einer halben Sekunde.

Die 12 goldenen Regeln

1 Clickertraining soll Mensch und Tier Freude bereiten. Üben Sie nie mit Ihrem Tier, wenn Sie wütend oder verärgert sind. Ihre Anspannung überträgt sich auf Ihren Nager und schüchtert ihn ein.

2 Üben Sie nie mit einem Tier, das krank ist oder Anzeichen von Stress zeigt.

3 Seien Sie während des Trainings stets nett zu Ihrem Nager und schimpfen Sie nicht, wenn er etwas Falsches tut. Ignorieren Sie ihn stattdessen, denn auch Ausschimpfen ist eine Art Aufmerksamkeit und, da die meisten Tiere Aufmerksamkeit lieben, kann auch Schimpfen eine Belohnung für sie sein. Dann würden Sie ein eigentlich ungewolltes Verhalten versehentlich positiv bestärken.

4 Jedes Tier ist unterschiedlich. Die einen lernen schnell, die anderen langsam und in besonderen Ausnahmen wird ein Nager nie zu einem „Clickertier“. Grämen Sie sich deshalb nicht, wenn das Training Ihnen zeitweise Probleme bereitet. Haben Sie Geduld, denn das zu schnelle Vorwärtsgehen ist ein typischer Fehler von Anfängern.

5 Wenn Sie oder Ihr Tier frustriert sind, weil eine Übung nicht klappt, dürfen Sie nicht verzweifeln. Gehen Sie im Trainingsplan einen Schritt zurück oder machen mit einer Übung weiter, die Ihr Heimtier schon gelernt hat. Probieren Sie es mit der neuen Übung an einem anderen Tag wieder, dann klappt sie bestimmt besser. Denn nicht an jedem Tag ist Ihr Nager zu Höchstleistungen fähig.

6 Seien Sie konsequent. Verändern Sie die Reihenfolge der Teilschritte einer Übung nicht, während Sie sie einstudieren. Dies würde Ihren kleinen Trainingspartner zu sehr verwirren.

7 Versuchen Sie, mit Ihrem Tier in einer ruhigen Umgebung zu üben. Die täglichen Übungsstunden sollten ohne Zuschauer ablaufen. Erst wenn Ihr Nager ein bestimmtes Verhalten zuver-

lässig beherrscht, können Sie den Trick Freunden oder Bekannten vorführen.

8 Üben Sie immer nur eine neue Übung auf einmal. Warten Sie, bis Ihr Tier diese beherrscht, bevor Sie mit einer weiteren neuen beginnen.

9 Belohnen Sie Ihren Nager jedes Mal sofort, wenn er das gewünschte Verhalten zeigt. Es wäre für ihn sehr verwirrend, wenn Sie ihn während des Trainings plötzlich ignorieren würden, weil sie z.B. abgelenkt sind.

10 Ihr Heimtier muss sich während des Trainings konzentrieren. Deshalb sollten Sie nicht die ganze Zeit auf Ihren kleinen Trainingspartner einreden und dadurch ablenken. Wenn Ihr Nager vor einer neuen Übung zurückschreckt, weil er beispielsweise davor Angst hat, durch einen Tunnel zu laufen, dürfen Sie es aber ruhig aufmunternd beim Namen rufen.

11 Eine Trainingsstunde sollte nicht zu lange dauern, damit Ihr Nager sich nicht langweilt und das Interesse verliert. Üben Sie lieber zweimal am Tag eine viertel Stunde als einmal eine halbe.

12 Beginnen Sie die Übungsstunde immer mit einer Aufwärmübung, also einer Übung, die das Tier schon beherrscht. So können Sie gleich von Anfang an belohnen und schaffen die richtige Basis für eine angenehme Trainingsstimmung. Hat Ihr Nager noch keine Übung gelernt, beginnen Sie noch einmal kurz mit der Clicker-Konditionierung, bevor Sie mit dem weiteren Training fortfahren. Beenden sollten Sie die Übungsstunde immer mit einem positiven Erlebnis. Das bedeutet auch hier, dass Sie als letztes eine Übung oder auch nur einen Teilschritt einer Übung wiederholen, von dem Sie sicher sind, dass das Tier diese bereits beherrscht. So behält Ihr Tier das Training in guter Erinnerung und freut sich schon auf die nächste Clickerrunde.

Liebevolle Streicheleinheiten nach dem Training fördern die Beziehung zwischen Mensch und Tier.

Neue Übungen lernen?

Die in diesem Ratgeber beschriebenen Übungen wurden nach verschiedenen Gesichtspunkten wie Schwierigkeitsgrad und Spaßfaktor ausgesucht. Natürlich gibt es noch viele weitere Übungen, die Sie und Ihr Tier lernen können. Die folgenden Punkte helfen Ihnen, die erlernten Clickergrundprinzipien auf neue, von Ihnen ausgedachte Übungen zu übertragen:

1 Halten Sie sich Ihr Ziel stets vor Augen. Bevor Sie mit der Übung anfangen, sollten Sie sich überlegen, was Sie überhaupt damit bezwecken wollen.

2 Bleiben Sie realistisch. Ein Meerschweinchen wird niemals lernen, auf den Hinterbeinen zu laufen, ebenso wenig wie ein Kaninchen eine Leiter hinaufklettern kann. Die Übung muss stets an den Körperbau und das Verhalten des Tieres angepasst sein.

3 Bleiben Sie konsequent. Haben Sie angefangen, die neue Übung auf eine bestimmte Weise einzustudieren, ändern Sie diesen Trainingsplan möglichst nicht mehr ab. Dies würde nur zu Verwirrung führen und ist nur dann nötig, wenn sich auch nach mehreren Wochen kein Erfolg einstellt.

4 Die wichtigste Regel zum Schluss: Teilen Sie jede Übung in viele kleine Teilschritte ein. Sonst versteht Ihr Nager nicht, was Sie von ihm möchten und der erhoffte Erfolg bleibt aus.

Neue Übungen erlernt Ihr Tier mit Target und Clicker ganz schnell.

Was ist, wenn ...?

Was tun, wenn das Tier Angst vor dem Klickgeräusch hat?

Nicht alle Tiere nehmen das unbekannte Geräusch des Clickers gelassen auf. So reagieren beispielsweise Kaninchen in der Regel viel ängstlicher als Meerschweinchen und ergreifen anfangs manchmal die Flucht. Keine Sorge, auch diese Tiere lernen bald, dass der Clicker im Grunde völlig harmlos ist.

Beginnen Sie mit **Schritt 1** des Konditionierens (siehe Seite 35) und lassen Sie sich dafür besonders **viel Zeit**. Um das Geräusch des Clickers zu dämpfen, stecken Sie den Clicker in Ihre **Hosentasche**. Im Handel werden für besonders geräuschempfindliche Tiere auch Lautstärken verstellbare Clicker-Modelle angeboten.

Klicken Sie und belohnen Sie Ihr Tier wie oben beschrieben. Sie werden sehen, schon bald wird sich auch Ihr Kaninchen vor dem ungewohnten Geräusch nicht mehr erschrecken und Sie können im Trainingsplan fortfahren.

Erinnert sich mein Tier nach vier Wochen Pause noch an die Übungen oder muss ich wieder ganz von vorne anfangen?

Durch die lange Trainingspause ist Ihr Tier sicher ein wenig aus der Übung gekommen, was das Clickertraining angeht. Es ist jedoch eine falsche Annahme, dass es alles vergessen hat und Sie wieder ganz von vorne beginnen, also zunächst mehrere Tage nur den Clicker konditionieren müssen.

Fangen Sie bei dem Training mit einer besonders einfachen Übung an, am besten mit ein wenig Targettraining (siehe Seite 42). Sicher wird Ihr Tier zunächst ein wenig verwirrt sein und nicht gleich auf den Targetstick reagieren. Sie werden jedoch bemerken, dass die Erinnerung nach und nach zurückkehrt und sie die Übungen zwar noch einmal Schritt für Schritt durchgehen müssen, dieser Lernprozess jedoch viel schneller verläuft als beim ersten Mal.

Zauberstab Targetstick

Training mit Target

Das Wort „Targetstick" kommt aus dem Englischen von „target" = Ziel, und „stick" = Stab. Der Targetstick ist neben dem Clicker das wichtigste Hilfsmittel beim Clickertraining.

Es handelt sich dabei um einen Stab mit einer Verdickung am Ende.

Er dient während des Trainings als Ziel- bzw. Zeigestöckchen. Das Tier soll lernen, dem Targetstick zu folgen, um den Klick und die darauf folgende Belohnung zu bekommen. So können Sie Ihrem Nager begreiflich machen, wo er hinlaufen soll und können ihn beispielsweise durch Tunnel oder über Brücken führen.

Das Bestätigen der gewünschten Handlung wäre zwar bei einigen dieser Übungen auch ohne Targetstick möglich: durch spontane Bestätigung, wenn das Tier zufällig die gewünschte Handlung zeigt. Es würde jedoch meist sehr lange dauern, bis das Meerschweinchen z.B. von sich aus über eine Wippe läuft, ohne dass Sie ihm den Weg vorher mit Hilfe des Targetsticks gezeigt haben. Und würde das Tier einmal spontan das gewünschte Verhalten (hier den Gang über die Wippe) zeigen, und Sie klicken dann und belohnen es, ist es unwahrscheinlich, dass das Tier durch die einmalige Handlung eine oder die richtige Verknüpfung hergestellt hat. Der Targetstick bietet die Möglichkeit der schnellen Wiederholung und Verknüpfung von gewünschtem Verhalten und Bestätigung (Klick und Belohnung).

Sie sehen, der Targetstick ist beim Clickertraining wirklich eine große Hilfe.

In Zoofachhandlungen ist er nur schwer erhältlich. Zwar bieten einige Onlineshops Targetsticks für das Training mit Vögeln an, es ist jedoch am einfachsten, sich einen Targetstick selbst zu basteln.

Ich habe für die Herstellung meines Targetsticks ein chinesisches Essstäb-

Targetsticks können Sie ohne großen Aufwand selbst basteln.

chen benutzt, aber sie können auch einen Ast (Achtung: nur ungiftiges Holz!) oder einen dicken Schaschlickspieß ohne Spitze verwenden, der Fantasie sind dabei keine Grenzen gesetzt.

Auf den Stab spießen Sie dann ein kleines Bällchen auf. Besonders geeignet sind weiche Schaumgummibälle, da man leicht ein Loch hineinbohren kann. Die Bälle gibt es im Zoofachhandel in der Katzenabteilung oder in Kaufhäusern in der Spielzeugabteilung.

Wenn Sie möchten, können Sie den Stab des Targetsticks bunt anmalen. Verwenden Sie dazu jedoch keine giftigen Farben – für den Fall, dass Ihr kleiner Nager am Targetstick knabbert.

Übung 1: Berühren des Targetsticks

1 Halten Sie den Targetstick mit der Bällchenspitze dicht vor die Nase Ihres Nagers. Dabei darf das Bällchen das Tier jedoch nicht berühren.

2 Beobachten Sie die Reaktion Ihres kleinen Freundes. Wenn er neugierig nach dem Targetstick schaut oder das Bällchen berührt, klicken Sie und geben ihm unmittelbar danach seine Belohnung.

3 Wiederholen Sie Schritt 1 und 2 einige Male. Vergessen Sie nicht, einen Trainingsdurchbruch, wie das erste Berühren des Bällchens, mit einem Jackpot zu belohnen.

4 Berührt Ihr Nager das Bällchen souverän, können Sie versuchen, den Targetstick ein wenig nach rechts oder links zu halten. Klicken Sie erneut, wenn das Tier das Bällchen berührt.

Tipp

Gut lüften

Lassen Sie die Bällchen am besten ein paar Tage ohne Verpackung liegen und verarbeiten Sie sie erst dann. Manche Tiere könnten vor dem frischen Schaumgummigeruch zurückschrecken.

5 Wenn auch dies gut klappt, können Sie den Targetstick ein wenig über den Kopf Ihres Heimtiers halten, damit es diesen heben muss, um das Bällchen berühren zu können. Tut es dies, klicken und belohnen.

6 Denken Sie daran, nach jedem Klick den Targetstick kurz wegzunehmen, bevor Sie ihn dem Tier erneut zeigen.

Der Ball an der Spitze des Targetsticks wird idealerweise mit der Nase oder dem Mäulchen berührt.

Tipp

Die richtige Übersicht

Die seitlich stehenden Augen ermöglichen Nagern zwar einen guten Rundumblick, dafür ist aber ihr räumliches Sehvermögen sehr eingeschränkt. Zusätzlich können z.B. Kaninchen kaum Farben erkennen, lediglich Rot und Grün können unterschieden werden.
Folgt Ihr Tier dem Targetstick nicht, hat es ihn vielleicht einfach nicht richtig gesehen. Klopfen Sie dann anfangs mit dem Targetstick leicht auf den Boden, um die Aufmerksamkeit Ihres Nagers darauf zu lenken. Mit diesem Trick habe ich bei meinem Meerschweinchen Oliver große Erfolge erzielt.

Manche Tiere tun sich anfangs schwer, wenn der Targetstick über ihren Kopf gehalten wird, da er sich dann nicht mehr auf „ihrer Ebene" befindet. Dies lässt sich auch auf das eingeschränkte Sehvermögen der Nager zurückführen.

Geschafft! Die ersten Schritte auf den Targetstick zu sind gelungen.

Ist dies auch bei Ihrem Nager der Fall und weigert er sich, den Kopf zu heben, um den Targetstick zu berühren, so können Sie diesen Bewegungsablauf zunächst überspringen und gleich zu Übung 2 übergehen. Spätestens, wenn Ihr Nager gelernt hat, dem Targetstick zu folgen, wird auch er sich nach oben recken, um das Bällchen berühren zu können.

Übung 2: Recken und Strecken nach dem Targetstick

1 Halten Sie den Targetstick weiter weg, aber immer noch so, dass der Nager ihn berühren kann, ohne zum Targetstick laufen zu müssen.

2 Streckt er sich nach dem Targetstick und stupst das Bällchen an, klicken und belohnen Sie Ihren kleinen Trainingspartner wie gehabt.

3 Wiederholen Sie diese Übung, bis sie sicher sitzt, erst dann gehen Sie zu Übung 3 über.

Übung 3: Die ersten Schritte

1 Halten Sie den Targetstick vor Ihren Nager, so dass er sich strecken muss, um das Bällchen berühren zu können. Klicken und belohnen Sie Ihr Tier, wenn es den Targetstick berührt hat.

2 Nun halten Sie den Targetstick in dieselbe Richtung wie zuvor, jedoch so weit weg, dass Ihr Haustier diesmal einen Schritt nach vorne gehen muss, um ihn anstupsen zu können. Zögert Ihr Trainingspartner zunächst, können

Aha!

Stimmt die Basis?

Bevor Sie mit dem Targetsticktraining, auch Targetting genannt, anfangen, sollte Ihr Tier hundertprozentig auf das Klickgeräusch des Clickers konditioniert sein. Andernfalls werden Sie ihm nur schwer begreiflich machen können, was Sie von ihm wollen.

Sie ihm mit leisen Worten Mut zusprechen.

3 Belohnen Sie es ausgiebig, wenn es zum Targetstick gelaufen ist.

4 Nun können Sie nach und nach den Abstand zwischen Targetstick und Tier vergrößern. So muss es anfangs nur ein oder zwei Schritte machen, um die Belohnung zu bekommen, später aber eine längere Strecke zurücklegen.

Manche Nager haben anfangs Probleme damit, dem Targetstick überallhin zu folgen. Um ihm die Übung zu erleichtern, können Sie ihn zunächst nur in eine Richtung führen, z.B. den Weg am Schrank entlang. Läuft Ihr Nager diese Strecke souverän, können Sie erst eine, dann mehrere Kurven einbauen usw. und ihn so nach und nach über das ganze Trainingsgebiet führen.

Vergessen Sie nicht, unbedingt den Jackpot zu geben, wenn Ihr Nager zum ersten Mal einige Schritte dem Targetstick gefolgt ist!

Dem Targetstick eine Schräge hinaufzufolgen ist eine beliebte Erweiterung des Targettings.

Trainingsparcours?

Hat Ihr Tier gelernt, dem Targetstick zu folgen, können Sie anfangen, es über verschiedene Hindernisse wie Brücken oder Wippen zu führen. Wenn Sie wollen, können Sie so aus den verschiedenen Hindernissen einen kleinen Spielplatz für Ihren Nager bauen. Wichtig: Stimmen Sie den Trainingsparcours unbedingt immer auf Körperbau, Kondition und Konstitution Ihres Tieres ab (siehe Seite 20 ff.), damit es nicht zu Verletzungen kommt.

In Kapitel „Übungen mit Targetstick“ werden exemplarisch zwei Stationen des Trainingsparcours genauer erläutert: Die Wippe und der Tunnel. Die Vorgehensweise und der Übungsaufbau bei diesen beiden Hindernissen lassen sich auf alle anderen Stationen des Nagerspielplatzes übertragen.

Was ist, wenn ...?

Hilfe, mein Tier berührt den Targetstick nicht

>> Jedes Tier ist **individuell**. Die Fähigkeit, Dinge mehr oder weniger schnell zu lernen ist nicht nur von Art zu Art und Rasse zu Rasse verschieden, sondern auch von Tier zu Tier. So verstehen manche Nager schon nach der ersten Übungsstunde, dass Sie dem Targetstick folgen sollen, andere lernen es erst nach mehreren Wochen.

Doch was tun, wenn ein Tier den Targetstick partout nicht berühren will?

1 Zuerst einmal erinnern Sie sich an eine der wichtigsten Grundregeln des Clickertrainings: Haben Sie **Geduld**! Wenn Sie während des Trainings angespannt oder ungeduldig sind, wird Ihr Nager noch weniger lernen.

2 Halten Sie nun wie gewohnt den Targetstick dicht vor Ihren Trainingspartner. Doch anders als sonst klicken Sie dieses Mal nicht erst, wenn er ihn berührt hat, sondern schon dann, wenn das Tier den **Kopf in Richtung Targetstick dreht** oder durch eine andere Bewegung deutlich macht, dass es den Targetstick gesehen hat und ihm seine **Aufmerksamkeit schenkt**.

3 Berührt Ihr Nager zwar den **Targetstick**, jedoch nicht gezielt das Bällchen an der Spitze, können Sie anfangs auch diese Handlung **belohnen**. Nach einigen Übungsstunden sollten Sie dieses Verhalten jedoch ausschleichen. Ihr Nager wird bald verstehen, dass er fortan nur noch belohnt wird, wenn er das **Bällchen** an der Spitze des Targetsticks berührt.

Sie werden sehen, nach und nach wird sich Ihr Nager immer mehr für das das Bällchen am Zeigestock interessieren und Sie können wie gewohnt **im Trainingsplan fortfahren**.

Braucht jeder Nager seinen eigenen Targetstick?

Wenn die Tiere während des Trainings die Spitze des Targetsticks berühren oder sogar einmal hinein beißen, übertragen Sie dabei unwillkürlich ihre Gerüche auf den Targetstick. Tiere, die zusammen in einem Käfig oder einem Zimmer wohnen und somit an die Duftmarke der anderen Tiere gewöhnt sind, werden sich daran sicher nicht stören. Sollten die Nager allerdings nicht miteinander vertraut sein, ist es besser, für jedes Tier einen eigenen Targetstick zu benutzen. So wird Ihr Tierchen von dem fremden Geruch am Targetstick nicht abgelenkt und kann sich besser auf das Clickertraining konzentrieren.

Darf der Nager statt des Targetsticks auch der Hand folgen?

Ob Sie beim Targetting einen Targetstick oder einfach die Hand benutzen, bleibt für die Durchführung der Übung letztendlich gleich. Das Tier wird genauso lernen, der Hand zu folgen, um sie zu berühren, wie es auch dem Targetstick folgt.

Sie sollten sich jedoch überlegen, ob es wirklich sinnvoll ist, den Nager so auf Ihre Hand zu fixieren. Stellen Sie sich vor, Sie greifen in den Käfig und Ihr Tier rennt sogleich auf Sie zu und schubst Ihre Hand an. Dabei wollten Sie doch nur etwas Futter in den Napf füllen! Was soll das Tier dann von Ihnen denken, wenn es das erlernte Verhalten zeigt, aber keine Belohnung bekommt?

Ich persönlich halte es aus diesem Grund für besser, beim Training einen Targetstick zu verwenden, damit es erst gar nicht zu Missverständnissen und „ungewollten Zwischenfällen“ kommen kann.

Keine Zauberei ...

Übungen mit Targetstick

Bevor Sie mit den verschiedenen Targetstick-Übungen anfangen, sollten Sie sicher sein, dass Ihr Tier die Grundzüge des Clickertrainings beherrscht.

Ihr Tier sollte ausreichend konditioniert sein und gelernt haben, dem Targetstick zu folgen und das Bällchen des Zeigestocks zu berühren. Ohne diese Grundlagen können Sie Ihrem Tier im Clickertraining nicht die nachfolgend beschriebenen Verhaltensweisen und Tricks beibringen. Im Zweifelsfall sollten Sie noch ein oder zwei Tage länger beim Basic-Targettraining bleiben. Es ist immer besser, langsamer voranzugehen als zu schnell. Ein Tier, das überfordert ist und nicht versteht, was von ihm verlangt wird, wird schnell zu einem frustrierten und lernunwilligen Tier!

Aha!

Ein Schritt nach dem anderen

Die folgenden Übungen sind in verschiedene Schritte aufgeteilt, die Sie nacheinander mit Ihrem Nager durchführen sollten. Beachten Sie jedoch, dass Sie erst zum nächsten Schritt übergehen, wenn der vorherige hundertprozentig sitzt. Dies kann manchmal nur einen Tag, manchmal aber auch ein oder zwei Wochen dauern, je nach Schwierigkeitsgrad.

Slalom laufen

Geeignet für: alle Nager
Schwierigkeitsstufe: einfach
Benötigte Hilfsmittel: Targetstick, Clicker, Belohnungsleckerbissen und einige Slalom-Hindernisse

Info: Verwenden Sie keine Hindernisse, die zu Verletzungen führen können (z.B. scharfe Kanten oder Spitzen besitzen), wenn sich eines der Tiere daran stößt. Geeignet sind z.B. leere Toilettenpapierrollen, Bauklötze und Becher. Die Größe der Gegenstände sollte der Größe des jeweiligen Tieres angepasst sein, denn es wäre etwa für ein Kaninchen nur schwer verständlich, warum es um ein Bauklötzchen herumlaufen soll, wo es doch einfach darüber springen kann und so viel schneller ans Ziel gelangt.

So geht's:

1 Stellen Sie drei bis vier Slalomhindernisse hintereinander in einer Reihe auf. Der Abstand zwischen den Gegenständen sollte der Größe des Tieres angepasst sein, damit es diese beim Durchlaufen nicht berührt.

2 Der weitere Übungsverlauf gleicht dem Targetsticktraining (siehe Seite 42 ff.). Daher eignet sich gerade diese Übung sehr gut als Einstieg,

um schnell erste Erfolge zu erzielen. Führen Sie Ihren Nager nun mit Hilfe des Targetsticks in einem möglichst engen Bogen um das erste Hindernis herum. Klicken und belohnen Sie ihn, wenn er das Bällchen an der Spitze des Targetsticks berührt.

3 Beim nächsten Schritt soll der Nager den Targetstick nicht gleich nach dem ersten Hindernis berühren, sondern Sie versuchen, den Targetstick so lange vor ihm herzuführen, bis er schon fast das zweite Hindernis ebenfalls umrundet hat. Anders als beim Targetsticktraining bewegt sich dabei der Targetstick von dem Nager weg und wird nicht bereits unbeweglich an seinen Zielort gehalten. Wurde das zweite Hindernis umrundet, halten Sie den Targetstick still, sodass der Nager ihn berühren kann. Klicken und belohnen Sie anschließend wie gewohnt.

4 Nun verlängern Sie langsam den Weg, den der kleine Nager im Slalom um die Hindernisse laufen muss, um erst am Schluss den Targetstick berühren zu können: dann klicken und belohnen. Wichtig ist dabei, dass Sie den Weg Schritt für Schritt vergrößern und sich viel Zeit nehmen. Eine zu große Strecke am Anfang oder gar der Versuch, den Nager sofort über den kompletten Slalom-Parcours zu leiten, kann dazu führen, dass das Tier auf halber Strecke frustriert und verwirrt sitzen bleibt – es versteht nicht, warum es den Targetstick nicht endlich berühren darf.

5 Hat Ihr kleiner Trainingspartner die ganze Slalom-Strecke überwunden, bekommt er nach dem Klick den Jackpot. Nach und nach können Sie den Slalom verlängern.

Durch einen Tunnel laufen

Geeignet für: alle Nager
Schwierigkeitsstufe: einfach
Benötigte Hilfsmittel: ein Tunnel, Targetstick, Clicker, Belohnungsleckerbissen

Info: Der Durchmesser des Tunnels muss an die Größe des jeweiligen Tieres angepasst werden Besonders geeignet sind biegsame Weidenbrücken, die es

Schritt für Schritt um die Slalom-Hindernisse herum: Für Meerschweinchen Oliver gar kein Problem!

in verschiedenen Größen im Zoofachhandel gibt. Sie bestehen aus mit Draht miteinander verbundenen Holzstöckchen. Durch ihre Biegsamkeit können Sie damit Bögen, Tunnel und Röhren formen. Der Tunnel sollte vorzugsweise aus Holz bestehen, aber auch andere Materialien wie Plastik oder Karton sind möglich.

Auch wenn diese Übung auf den ersten Blick sehr einfach erscheint, braucht es dennoch Fingerspitzengefühl, um ein ängstliches Tier dazu zu bringen, dem Targetstick durch den Tunnel zu folgen. Obwohl Kaninchen und Nager Höhlenbewohner sind, fürchten sich einige Heimtiere dennoch davor, durch unbekannte, enge Gänge zu laufen.

Nagern, die von vorneherein gerne durch kleine Öffnungen schlüpfen oder schon einen Tunnel oder eine Röhre in ihrem Käfig haben, wird diese Übung hingegen keine Probleme bereiten. Für sie ist diese Übung gut als Einstieg in das Training geeignet, da es bald erste Erfolge gibt.

So geht's:

1 Legen Sie den Tunnel auf den Boden und lassen Sie Ihren Nager den neuen Gegenstand in aller Ruhe beschnuppern und untersuchen.

2 Hat sich Ihr Tier an das unbekannte Hindernis gewöhnt, führen Sie es mit dem Targetstick so weit wie möglich an den Tunneleingang heran. Berührt es das Bällchen am Targetstick, klicken und belohnen Sie.

3 Nun halten Sie den Targetstick in den Tunnel, damit Ihr Nager den Kopf hinein strecken muss, um ihn anstupsen zu können. Klicken und belohnen Sie sofort. Am besten ist es, wenn Sie den Targetstick von der ande-

Schnell durch die Röhre und zum Targetstick: klick und Belohnung!

ren Seite in den Tunnel halten, damit Ihre Hand nicht im Weg ist und das Tier sich nicht bedrängt fühlt.

4 Nun halten Sie den Targetstick nach und nach ein kleines Stück tiefer in den Tunnel hinein, bis Ihr Nager schließlich ein paar Schritte in den dunklen Tunnel laufen muss, um das Bällchen zu berühren. Bei Berührung: klicken und Jackpot geben.

5 Vergrößern Sie nun langsam den Abstand zwischen Tunneleingang und Targetstick, bis Ihr Nager schließlich ganz durch den Tunnel laufen muss. Berührt er das Bällchen: klicken und Jackpot geben.

Die Alternative zur Decke: Kuschelhöhlen aus dem Zoofachhandel.

Unter einer Decke verstecken

Geeignet für: alle Nager
Schwierigkeitsstufe: einfach
Benötigte Hilfsmittel: eine dünne Decke oder ein Handtuch, Targetstick, Clicker, Belohnungsleckerbissen

Info: Normalerweise bereitet diese Übung den Tieren keine großen Schwierigkeiten, besonders dann nicht, wenn sie zuvor schon gelernt haben, dem Targetstick durch einen Tunnel zu folgen. Viele Tiere verstecken sich im Spiel gerne unter einer Decke. Auch Nager und Kaninchen lieben die kuscheligen Höhlen.

Wichtig ist, dass Sie das Zimmer während der Übung nicht verlassen dürfen. Befindet sich der Nager unter der Decke, kann er leicht von einer hereinkommenden Person übersehen werden. Tritt jemand dann versehentlich auf die Decke, kann das tödlich für das Tier enden!

So geht's:

1 Legen Sie die Decke (oder das Handtuch) locker auf den Boden, sodass an einer oder mehren Seiten eine Öffnung entsteht.

2 Der grundsätzliche Übungsaufbau gleicht der vorangegangenen Tunnel-Übung.

3 Führen Sie Ihr Tier mit dem Targetstick erst in die Nähe der Öffnung. Berührt es das Bällchen: klicken und belohnen.

4 Leiten Sie den Nager nun mit Hilfe des Targetsticks in die Öffnung hinein. Bei Ballberührung: klicken und Jackpot geben.

5 Arbeiten Sie sich langsam immer weiter vor, bis Ihr Trainingspartner unter der Decke sitzt. Belohnen Sie große Erfolge mit dem Jackpot.

Über eine Wippe klettern

Geeignet für: alle Nager (siehe Info)
Schwierigkeitsstufe: einfach bis mittelschwer
Benötigte Hilfsmittel: eine Wippe, Targetstick, Clicker, Leckerbissen

Info: Die Übung ist für größere und nicht so geschickte Tiere, wie Meerschweinchen, schwieriger, da sie nicht so leicht das Gleichgewicht halten können und ihre Furcht vor der kippenden Wippe erst überwinden müssen.

Die Wippe kann z.B. aus einem Brett bestehen, das über einen Stock gelegt wird. Passen Sie jedoch auf, dass das Brett nicht rutschen kann oder befestigen Sie es gegebenenfalls seitlich. Fertige Wippen bekommen Sie im Zoofachgeschäft – achten Sie darauf, dass Ihr Tier sich nirgends einklemmen kann!

Anfangs sollten Sie diese Übung nur in eine Richtung trainieren, d.h. Ihr Tier läuft z.B. vom Trainer aus gesehen auf der rechten Seite die Wippe hinauf und auf der linken Seite wieder hinunter. Erst wenn es diese Trainingsabfolge gelernt hat, können Sie damit anfangen, das Tier auch andersherum über die Wippe zu führen. So erleichtern Sie Ihrem Nager den Lernprozess und es kommt zu keinen Missverständnissen zwischen Mensch und Tier.

Die Balance macht's! Nach ein wenig Übung erschreckt auch die Kippbewegung der Wippe nicht mehr.

So geht's:

1 Legen Sie die Wippe auf den Boden und lassen Sie Ihr Tier den neuen Gegenstand in aller Ruhe kennen lernen. Vielleicht läuft es ja aus lauter Neugier schon einmal von ganz alleine über die Wippe.

2 Hat Ihr Nager das neue Hindernis ausgiebig untersucht, führen Sie ihn mit dem Targetstick vor die Wippe, sodass er die Vorderfüße darauf stellen muss, um das Bällchen am Ende des Zeigestockes berühren zu können, dann: klicken und belohnen.

3 Halten Sie den Targetstick nun in kleinen Schritten immer weiter auf die Wippe, sodass Ihr Tier schließlich ein Stück darauf laufen muss, um den Belohnungsleckerbissen zu bekommen. Sitzt es zum ersten Mal mit allen vier Füßchen auf der Wippe: klicken und Jackpot geben.

4 Nun führen Sie Ihren Nager mit Hilfe des Targetsticks langsam immer weiter über die Wippe. Wenn diese an einem bestimmten Punkt zu kippen beginnt, wäre es gut, wenn das Tier auch in diesem Moment den Targetstick berührt, damit Sie sogleich klicken und die Belohnung geben können. So wird der Schreckmoment, in dem sich der

Boden unter den Füßen Ihres Trainingspartners plötzlich bewegt, mit einem Belohnungsleckerbissen überspielt und erscheint nur halb so schlimm.

5 Nach und nach können Sie nun Ihren Nager über die gesamte Wippe führen, bei Erfolg gibt es natürlich nach dem Klick einen Jackpot.

Sich im Kreis drehen

Geeignet für: alle Nager
Schwierigkeitsstufe: einfach
Benötigte Hilfsmittel: Targetstick, Clicker, Belohnungsleckerbissen

Info: Wenn Sie die Übung einstudieren, sollten Sie sich dabei zu Beginn auf eine Richtung beschränken, das heißt, das Tier dreht sich also entweder immer rechts herum oder immer links herum. So können Sie Ihrem Nager den Lernprozess erleichtern.

So geht's:

1 Setzen Sie Ihren Nager vor sich auf den Boden und halten Sie den Targetstick seitlich neben seinen Kopf. Dreht das Tier nun seinen Kopf zum Bällchen an der Spitze des Stabes, klicken Sie und belohnen das Tier.

2 Anstatt den Targetstick wie in Schritt 1 nur ein klein wenig seitlich neben den Kopf des Tieres zu halten, bewegen Sie den Zeigestab nun langsam weiter neben den Nager, sodass dieser ihn nicht mehr berühren kann, wenn er lediglich den Kopf dreht. Er muss ein paar trippelnde Schritte im Kreis machen, um das Bällchen zu berühren, dann klicken und belohnen.

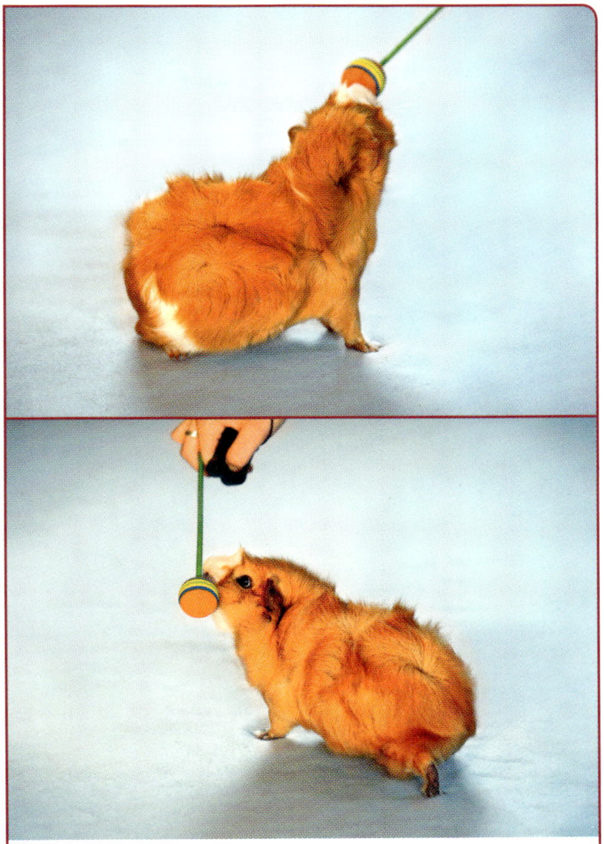

Erst einen halben, dann einen ganzen Kreis. Wie immer führt der Targetstick die pfiffigen Nager.

Sollte dieser Schritt nicht auf Anhieb klappen, nicht schlimm. Viele Nager benötigen ein wenig Zeit um zu verstehen, warum Sie dem Targetstick folgen sollen, wenn dieser an ihre Seite und somit an den Rand ihres Blickfeldes geführt wird.

3 Funktioniert Schritt 2 gut, können Sie den Targetstick nun einmal ganz um das Tier führen. Folgt es dem Targetstick, dreht sich dabei also einmal im Kreis, und berührt anschließend den Zeigestab: klicken Sie und belohnen.

Durch einen Ring springen

Geeignet für: Kaninchen, Degus, Chinchillas und alle anderen Nager, die gerne springen. Für Meerschweinchen kann man als Variante ein kleines Hindernis bauen, über das die Tiere klettern oder hüpfen können
Schwierigkeitsstufe: mittel
Benötigte Hilfsmittel: ein Ring bzw. Reif, Targetstick, Clicker, Leckerbissen

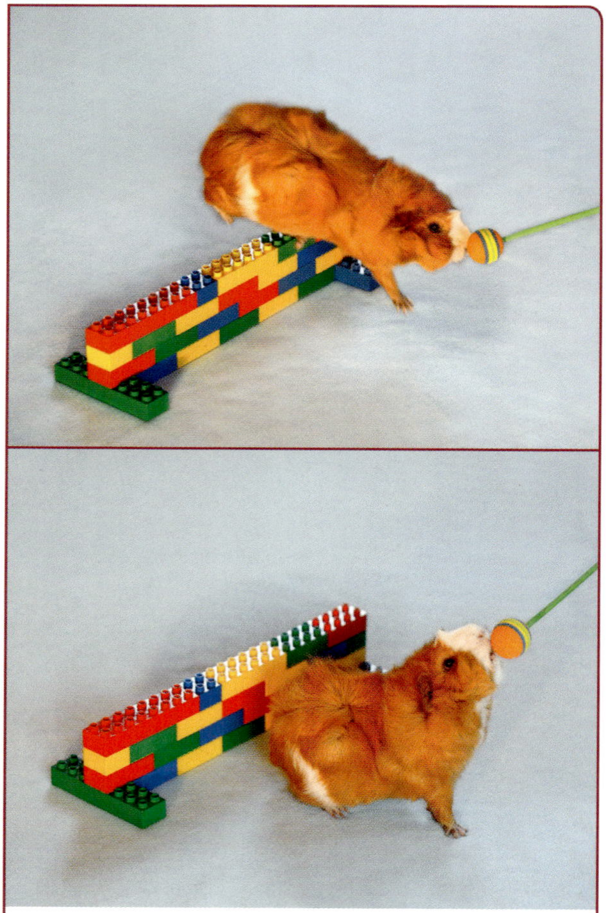

Statt durch einen Ring zu springen, üben Sie mit Ihrem Meerschweinchen, über niedrige Hürden zu klettern oder zu hüpfen.

Info: Der Ring bzw. Reif sollte eine Größe haben, die gut zu handhaben ist, etwa ein „Hulla-Hupp-Reifen“ für Kinder in der kleinsten Größe aus dem Spielzeugwarenfachhandel.

Obwohl Kaninchen und manche Nager gute Springer sind, sollte eine bestimmte Höhe des Hindernisses nicht überschritten werden, um Verletzungen zu vermeiden. Beim „Kaninhop“, einem Sport, bei dem Kaninchen über aufgestellte Hindernisse springen müssen, beträgt die maximale Sprunghöhe für „Elitekaninchen“ 50 cm. Empfehlenswert ist aber eine deutlich niedrigere Höhe! Bei kleineren Nagern wie Chinchillas oder Degus muss die Höhe noch stärker verringert werden, damit sie das Hindernis ohne Schwierigkeiten überwinden können. Auch wenn es reizt: „Schubsen“ Sie Ihr Tier bei Sprungverweigerung niemals über ein Hindernis.

So geht’s:

1 Halten Sie den Reifen so vor Ihren Nager, dass er mit einer Seite auf dem Boden steht. Platzieren Sie den Ring aber nicht unmittelbar vor Ihren Nagern, sondern lassen Sie mindestens einen Abstand von etwa 30 cm zwischen Reifen und Tier. So kann Ihr Nager genügend Anlauf nehmen und muss nicht aus dem Stand heraus springen. Dies empfiehlt sich besonders zu Beginn der Übung, da Ihr Tier dann sicher dazu neigen wird, den Sprung zu verweigern. Durch den Anlauf wird dieser Drang meist verringert und es fällt den Tieren leichter, ihre Unsicherheit zu überwinden.

Nun führen Sie Ihren angehenden Springkünstler mit dem Targetstick durch den Reifen: bei Berührung dann klicken und belohnen.

2 Halten Sie den Reifen nun einen knappen Zentimeter über den Boden, damit das Tier noch ohne Probleme hindurch steigen kann. Bei Erfolg und der Berührung des Bällchens: klicken und belohnen.

3 Nach und nach wird nun der Ring immer ein kleines Stück höher gehalten. Irgendwann erreicht er eine Höhe, bei der Ihr Nager nicht mehr darüber steigen kann, sondern einen kleinen Sprung wagen muss. Tut er dies zum ersten Mal: klicken und Jackpot geben.

Füttern auf dem Schoß nimmt die Angst vor den Menschen.

Berührungsängste verlieren

Geeignet für: alle Nager, die Angst davor haben, angefasst zu werden
Schwierigkeitsstufe: je nach Stärke der Furcht des Tieres von leicht bis sehr schwierig
Benötigte Hilfsmittel: Targetstick, Clicker, Belohnungsleckerbissen

Info: Die Übung „Berührungsängste verlieren“ geht einher mit der häufig gestellten Frage: Wie bekomme ich mein Tier handzahm? Wenn ein Nager sich nicht berühren lässt, kann man im Allgemeinen davon ausgehen, dass er nicht zahm ist und vor den Menschen noch große Furcht hat. Dabei ist jedoch zu beachten, dass die verschiedenen Nagerarten unterschiedlich starke Beziehungen zu ihrem Menschen aufbauen. Während Kaninchen beispielsweise meist schon nach kurzer Zeit sehr anhänglich werden, bleiben Mäuse lieber auf Distanz. Deshalb sollten Sie sich zuerst genau informieren, welches Verhalten für das jeweilige Tier typisch ist, damit keine falschen Erwartungen aufgebaut werden. Ein Tier wird jedes Mal ein kleines bisschen zutraulicher, wenn man sich mit ihm beschäftigt und es dabei positive Erfahrungen macht. Aus diesem Grund führen auch die im vorangegangen Kapitel erläuterten Übungen dazu, dass Ihr Nager immer weniger Furcht vor Ihnen hat. Es ist sehr wichtig, dass Sie Ihr Tier stressfrei anfassen und hochnehmen können, z.B. bei der Routineuntersuchung, der Gehegereinigung und Pflege von kranken Tieren.

Neben dem Clickertraining gibt es auch noch die „klassische Methode ohne Klick“, damit Ihr Tier Zutrauen zu Ihnen fasst: Wenn Sie sich intensiv mit Ihrem Tier beschäftigen, wird es nach einiger Zeit zahmer als vorher sein. Unter intensive Beschäftigung fällt beispielsweise die mehrmals tägliche Fütterung aus der Hand und

Aha!

Angst vor Gegenständen verlieren

Mit dem Prinzip der Übung „Berührungsängste verlieren“ können Sie Ihrem Nager auch beibringen, die Angst vor bestimmten Gegenständen zu verlieren, z.B. der Transportbox (siehe Seite 73). Führen Sie Ihr Tier mit Hilfe des Targetsticks immer näher an den furchterregenden Gegenstand heran. Jegliche Annäherung und schließlich Kontaktaufnahme mit dem Objekt wird durch einen Klick und eine Belohnung bestätigt.

leise, beruhigende Worte an Ihr Tier. Da auf diese Möglichkeit jedoch in den meisten Ratgeberbüchern über Tiere ausgiebig eingegangen wird, soll sie hier nicht weiter erläutert werden.

So geht's:

1 Clickertraining beruht auf Freiwilligkeit. Das sollten Sie nie vergessen, auch bei dieser Übung nicht. Es ist wichtig, dass das Tier auf Sie zukommt und nicht umgekehrt. Dem Nager muss immer die Möglichkeit des Rückzugs bleiben, sonst verfällt er leicht in Panik und wird nie zahm.

2 Setzen Sie sich zu Ihrem Nager auf den Boden und lassen ihn ungestört um Sie herumlaufen. Vermeiden Sie ruckartige Bewegungen, damit das Tier sich nicht erschreckt. Um dem ängstlichen Nager die Anspannung zu nehmen, können Sie mit leiser, beruhigender Stimme zu ihm reden.

3 Führen Sie nun Ihren Nager mit dem Targetstick so nahe wie möglich an sich heran. Berührt es in Ihrer Nähe den Ball des Targetsticks: klicken und belohnen.

Dies klingt oft leichter, als es in der Praxis ist. Denn wenn Ihr Tier Ihnen gegenüber große Furcht zeigt, wird es sich Ihnen nur langsam und voller Misstrauen nähern. Deshalb ist es wichtig, dass Sie besonders behutsam und vorsichtig vorgehen. Denn die geringe Distanz, die bei den üblichen Clickerübungen zwischen Mensch und Tier besteht, wird nun übergangen, indem Sie den Nager direkt zu sich führen.

4 Zögert der Nager und traut sich nicht nah zu Ihnen, klicken und belohnen Sie ihn trotzdem. Sie werden sehen, wenn Sie diese Übung oft genug wiederholen, wird sich der Abstand zwischen Ihnen und Ihrem Tier immer weiter verringern, bis Ihr Trainingspartner schließlich direkt vor Ihnen sitzt.

5 Legen Sie nun die flache Hand auf den Boden und führen Sie den Nager langsam immer näher an diese heran. Diese Übung geht so weit, dass das Tier die Vorderfüßchen auf die ruhige Hand stellen muss, um das Bällchen an der Spitze des Targetsticks berühren zu können. Klicken und belohnen Sie dann – beim ersten Mal gibt es den Jackpot.

6 Führen Sie Schritt 5 noch einmal durch, indem Sie die Hand nun nicht mehr ganz flach, sondern entspannt und beispielsweise mit angezogenen Fingern auf den Boden legen, damit Ihre Hand nun eine Art Hügel bildet.

Schreckt der Nager auch davor nicht zurück: klicken und belohnen.

7 Bewegen Sie die Hand langsam, anstatt sie wie zuvor ganz ruhig zu halten. Ansonsten ist die Durchführung dieselbe wie bei den beiden vorherigen Teilschritten. Berührt das Tier denn Ball: klicken und belohnen.

8 Auf diese Weise können Sie sich immer weiter in den Trainingsparcours Ihres Nagers einbauen. Sie werden sozusagen zu einem lebenden Hindernis. Versuchen Sie, Ihren Nager einen Arm entlang zu führen oder animieren Sie ihn mit Hilfe des Targetsticks, Ihnen auf den Schoß zu springen. Sie werden sehen, schon bald werden Sie Fortschritte machen und das Verhältnis zwischen Tier und Mensch wird sich von Mal zu Mal mehr entspannen. Jeder große Fortschritt wird mit dem Klick und dann dem Jackpot belohnt, dazwischen gibt es den Klick und die kleine Belohnung.

„Männchen" machen

Geeignet für: alle Nager (siehe Info)
Schwierigkeitsstufe:

> schwierig, wenn das Tier wirklich nur aufgrund eines verbalen Kommandos „Männchen machen" soll
> einfach, wenn nur geübt werden soll, Männchen zu machen, um den Targetstick zu berühren

Benötigte Hilfsmittel: Targetstick, Clicker, Belohnungsleckerbissen

Info: Für größere Tiere wie Kaninchen, Meerschweinchen und insbesondere Ratten ist es einfacher, Kommandos zu lernen.

Ältere Tiere sind oft schon ein wenig „unsportlich" und haben Schwierigkeiten, „freihändig" Männchen zu machen.

Vorstufe zum Kommandotraining: Männchen machen mit Targetstick.

Tipp

Einfach testen

Probieren Sie aus, ob Ihrem Tier das Kommandotraining Spaß macht und es Fortschritte erzielt. Seien Sie jedoch nicht enttäuscht, wenn Sie nur geringen oder gar keinen Erfolg haben. Freuen Sie sich stattdessen, dass Sie Ihren Nager mit Hilfe des Targetsticks zum Männchen machen animieren können.

Auch fällt es z.B. Meerschweinchen bei weitem nicht so leicht, die Balance auf nur zwei Füßen zu halten wie Kaninchen. Sie können Ihrem Tier die Übung erleichtern, indem sie ihm die flache Hand oder einen Finger hinhalten oder ein kleines „Podest" bauen, damit es sich darauf abstützen kann. Mit dieser Hilfestellung hat sogar mein Meerschweinchen Romeo gelernt, Männchen zu machen, obwohl er nach einer Oberschenkelhalsfraktur in seiner Bewegungsfähigkeit ein bisschen eingeschränkt war.

Bei Schritt 5 der Übung wird das Kommando eingeführt. Ziel ist es, dass Sie den Targetstick für diese Übung überhaupt nicht mehr benötigen und Ihr Nager sich allein schon beim Ertönen des Kommandos nach oben reckt. Bedenken Sie jedoch, dass dies eine sehr hohe Anforderung an Ihren kleinen Freund ist, der nicht alle Tiere gewachsen sind. Man kann ja auch nicht jeden Hund zum Polizeihund ausbilden, obwohl rein theoretisch die gleichen Verhaltensgrundlagen vorhanden sind. Auf jeden Fall brauchen Sie viel Geduld: Das Kommandotraining einer einzelnen Übung kann mit einem Nager mehrere Monate oder Jahre dauern. Es gibt jedoch auch einzelne Nager, die schon nach wenigen Wochen verstanden haben, was von ihnen verlangt wird.

So geht's:

1 Führen Sie Ihren Nager zunächst wie gewohnt mit dem Targetstick auf dem Boden. Berührt er das Bällchen an der Spitze des Zielstäbchens, klicken und belohnen Sie ihn.

2 Nun halten Sie den Targetstick über den Kopf des Tieres, so dass er sich ein wenig recken muss, um ihn anzustupsen, dann klicken und belohnen.

3 Führen Sie den Targetstick langsam immer höher über den Kopf des Nagers, wobei es wichtig ist, den Stab gleichzeitig ein wenig weiter über den Körper des Tieres zu halten, damit es nicht in Versuchung gerät, nach vorne zu laufen, um den Targetstick zu erreichen. Bei Berührung: klicken und belohnen.

4 Wenn Ihr Tier das erste Mal die Vorderfüße anhebt und sei es auch nur für einen winzigen Augenblick: klicken und Jackpot geben.

5 Hat Ihr Nager gelernt, Männchen zu machen, um den Targetstick zu berühren, können Sie sich ein Kommando überlegen, das Sie fortan im Training bei dieser Übung verwenden wollen. Das Wort sollte kurz und prägnant sein und möglichst im normalen Sprachgebrauch nicht allzu oft verwendet werden. Aus diesem Grund eignen sich oftmals fremdsprachige Wörter gut, da diese im Alltag selten genannt werden, beispielsweise „lift" für „aufrichten". Haben Sie sich auf ein bestimmtes Wort geeinigt, sagen Sie dieses nun jedes

Mal laut und deutlich, sobald Ihr Tier Männchen macht, um das Bällchen an der Spitze des Targetsticks zu berühren, dann klicken und belohnen.

6 Wenn Sie das Kommando oft genug während der Übung gesagt haben, können Sie testen, ob Ihr Tier tatsächlich darauf reagiert: Sagen Sie das Kommandowort während der Nager auf dem Boden sitzt und schauen, was geschieht. Macht Ihr Tier tatsächlich Männchen oder schaut zumindest suchend nach oben, klicken Sie und geben ihm einen besonders großen Jackpot. Reagiert Ihr Nager allerdings nicht auf das Kommando, dürfen Sie auf keinen Fall mit ihm schimpfen. Vielleicht braucht er einfach noch ein wenig Zeit, um das Kommando mit der Bewegung zu verknüpfen: Üben Sie dann weiterhin Schritt 5. Selbst wenn Sie nicht mehr gezielt Kommandos mit Ihrem Tier üben wollen, können Sie das vereinbarte Wort dennoch beibehalten und weiterhin nennen, wenn Sie Ihr Tier mit dem Targetstick zum Männchen machen animieren. Denn wer weiß, wenn Ihr Nager in der Zukunft ein fleißiges Clickertier geworden ist, hört es vielleicht irgendwann auch auf Ihr Kommando …

Auf Kommando kommen

Geeignet für: alle Nager (siehe Info)
Schwierigkeitsstufe: mittel bis schwer
Benötigte Hilfsmittel: Targetstick, Clicker, Belohnungsleckerbissen

Nicht nur Hunde und Katzen kennen ihren Namen. Vielleicht haben auch Sie schon von Nagetieren gehört, die aus ihrem Schlafhäuschen gelaufen kommen, wenn ihr Mensch sie ruft? Oder besitzen Sie sogar selbst ein Meerschweinchen, das eilig an die Umrandung seines Geheges trippelt, sobald es Ihre Schritte oder Ihre Stimme hört? Auch dieses Verhalten ist aufgrund eines (meist unbewussten) Trainings entstanden. Die Tiere haben gelernt, mit Ihrer Stimme etwas Positives zu verbinden, beispielsweise wurden sie

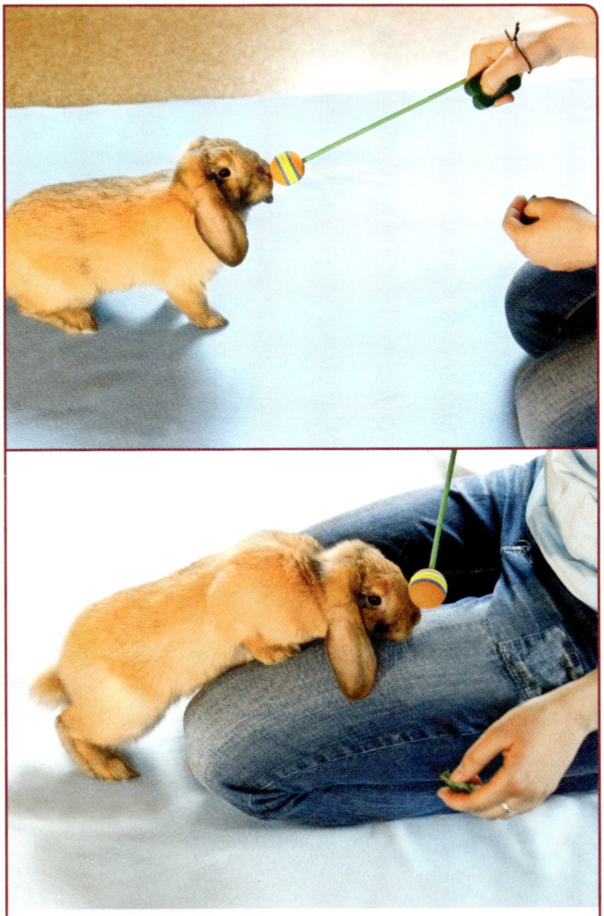

Herkommen zunächst noch mit Targetstick: Erst nach vielen Übungseinheiten kann man testen, ob der Nager das gewünschte Verhalten auch ohne „Hilfestellung" zeigt.

jedes Mal vor der täglichen Fütterung beim Namen gerufen. Dadurch wurden die Nager auf Ihre Stimme konditioniert und erwarten nun jedes Mal etwas Leckeres, wenn sie Sie hören – und kommen Ihnen deswegen entgegen. Sie sehen, das Grundprinzip des Clickertrainings und in diesem Fall speziell das des Kommandotrainings findet sich auch im Alltag eines Nagers wieder und beruht auf seinen natürlichen, angeborenen Verhaltensweisen. Auch zeigt gerade dieses Beispiel recht anschaulich, dass viel Geduld auch beim schwierigeren Kommandotraining Erfolg bringt.

Info: Es ist hilfreich, wenn das Tier zu Beginn dieser Übung schon zahm ist und den Menschen als Freund ansieht.

So geht's:

1 Setzen Sie sich zu Ihrem Nager auf den Boden, zu Beginn der Übung mit einem geringen Abstand von etwa 30 Zentimetern.

2 Locken Sie Ihr Tier mit dem Targetstick zu sich, bis es unmittelbar vor Ihnen steht. Sie können es auch soweit zu sich führen, dass es seine Pfoten auf Ihr Bein oder Ihre Hand stellen muss, um den Targetstick berühren zu können und somit den Klick und die Belohnung zu bekommen. Letzteres hat den Vorteil, dass der Moment, indem Sie klicken und dem Tier seinen Leckerbissen geben, eindeutiger festgelegt wird und der Klick nicht erfolgt, wenn das Tier „irgendwo" auf dem Boden sitzt.

3 Jedes Mal, wenn Ihr Nager nun zu Ihnen gelaufen kommt, sagen Sie laut und deutlich ein vorher überlegtes Kommando.

4 Haben Sie diesen Schritt oft genug mit Kommando wiederholt, können Sie versuchen, die Übung nun ohne Targetstick durchzuführen. Setzen Sie sich zu Ihrem Nager auf den Boden, lassen ihn ein bisschen herumlaufen und beobachten ihn dabei. Wenn Ihr Tier dann nicht mehr zu sehr mit dem Erkunden der Umgebung oder Ähnlichem beschäftigt ist, sagen Sie das bekannte Kommandowort. Mit ein bisschen Glück kommt Ihr Tier neugierig zu ihnen gelaufen, um sich bei Ihnen seine Belohnung nach dem Klick abzuholen. Es kann jedoch auch passieren, dass Ihr Trainingspartner überhaupt nicht reagiert. Seien Sie dann nicht enttäuscht. Auf Kommando zu seinem Menschen zu kommen ist für die meisten Nager nicht ganz so schwierig wie in der vorangegangenen Übung auf Kommando „Männchen" zu machen. Trotzdem handelt es sich noch immer um eine Aufgabe, die wie alle Kommandoübungen viel Geduld und Ausdauer benötigt.

Kommen-Training ohne Targetstick

1 Wenn Sie bemerken, dass Ihr Nager beim Freilauf zufällig in Ihre Richtung läuft, sagen Sie laut und deutlich das vorher überlegte Kommando und klicken, noch während das Tier auf sie zu läuft. Wenn es bei Ihnen angekommen ist, bekommt es den Leckerbissen.

2 Haben Sie dies oft genug wiederholt, können Sie beginnen, den Nager mit Hilfe des Kommandos zu rufen, auch wenn er sich gerade nicht auf dem Weg zu Ihnen befindet. Wichtig: Rufen Sie jedoch zu Beginn nicht, wenn es z.B. gerade frisst oder schläft.

3 Nach und nach können Sie die Distanz zwischen sich und dem Nager vergrößern. Vergessen Sie nicht, beim ersten größeren Erfolg einen Jackpot zu geben.

„Give me five" – eine beliebte Übung, z.B. wenn Sie eine Vorführung für Freunde planen.

„Give me five"

Geeignet für: alle Nager (größere Tiere wie Kaninchen und Meerschweinchen eignen sich besser)
Schwierigkeitsstufe: mittel
Benötigte Hilfsmittel: Targetstick, Clicker, Belohnungsleckerbissen

So geht's:

1 Halten Sie den Targetstick über den Kopf Ihres Nagers, sodass er sich recken muss, um ihn berühren zu können.

2 Hebt der Nager ein Füßchen hoch, weil er Männchen machen möchte, berühren Sie seinen Fuß von unten leicht mit dem Finger, klicken Sie im selben Moment und belohnen dann. Tipp: Die Übung geht oft leichter, wenn Sie vorher „Männchen machen" trainiert haben.

3 Wiederholen Sie Schritt 2 einige Male. Schon bald wird Ihr Haustier verstehen, dass es seinen Fuß auf Ihren Finger stellen muss, um seinen Belohnungsleckerbissen zu bekommen. Sobald dies der Fall ist, können Sie den Targetstick weglassen. Bieten Sie Ihrem Nager nur noch den Finger an und klicken und belohnen Sie, wenn er auch tatsächlich sein Füßchen darauf stellt.

4 Nach und nach können Sie den Finger so drehen, dass die „Give me five"-Bewegung wirklich überzeugend aussieht. Zusätzlich ist es natürlich möglich, noch ein Kommando einzuführen, damit Ihr Nager auch wirklich nur dann sein Füßchen auf ihren Finger stellt, wenn Sie ihn ausdrücklich dazu auffordern. Die „Give me five"-Übung ist aber auch ohne Kommando ein netter Trick, und zudem auch sehr publikumswirksam, sollten Sie mit Ihrem Tier eine kleine Vorführung für Freunde planen.

Tipp

Give me ten

Manche Tiere, insbesondere einige Kaninchen, haben Schwierigkeiten damit, den ihnen angebotenen Finger nur mit einer Pfote zu berühren. Für diese Nager können Sie die „Give me five"-Übung in eine „Give me ten"-Übung umwandeln. Das Tier darf dann anstatt nur einem Füßchen beide auf Ihren Finger stellen.

Trick mit Click

Übungen ohne Targetstick

Wurde für die Übungen im vorangegangen Kapitel der Targetstick benötigt, führen Sie die folgenden Übungen am besten ohne Zielstab durch.

Geklickert wird nun spontanes Verhalten, das nicht durch den Targetstick gelenkt wurde. Die folgenden Übungen zielen zumeist darauf ab, dass das Tier sich passiv verhält und etwas nicht tut (z.B. Kratzen), anstatt dass es eine Handlung aktiv durchführen soll. Dieses „Passiv-Sein“ ist verständlicherweise mit dem Targetstick nur schwer auszudrücken. Trotzdem sind die folgenden Übungen nicht weniger Erfolg versprechend und genauso leicht verständlich wie die Trainingseinheiten mit Zeigestab.

Besonders Kaninchen sind meist mit großem Eifer beim Fußball spielen dabei.

Fußball spielen

Geeignet für: größere Nager, wie z.B. Kaninchen
Schwierigkeitsgrad: einfach bis mittel
Benötigte Hilfsmittel: einen Ball, Clicker, Belohnungsleckerbissen

Info: Der Ball sollte nicht zu klein sein, damit der Nager ihn bequem mit dem Kopf anschubsen und so zum Rollen bringen kann. Der Übungsaufbau ähnelt stark dem Targettraining.

So geht's:

1 Legen Sie den Ball vor Ihrem Nager auf den Boden. Schaut er interessiert in seine Richtung oder schnuppert daran: klicken Sie und belohnen.

2 Das Tier wird nun – genau wie beim Targetting – immer dann mit Klick bestätigt und belohnt, wenn es den Ball mit der Nase berührt.

3 Wird der Ball einmal etwas kräftiger angeschubst, beginnt er sicher zu rollen. Dies ist der Zeitpunkt, an dem das Tier nach dem Klick seinen Jackpot bekommt.

4 Von nun an klicken und belohnen Sie nur noch, wenn der Ball sich bewegt hat, also wenn er gewackelt hat

oder gar ein Stück gerollt ist, nachdem Ihr Nager ihn berührt hat.

5 Schon bald wird Ihr Tier die Verknüpfung verstanden haben: Ball rollt = Klick und Belohnung."

Basketball spielen

Geeignet für: hauptsächlich Kaninchen
Schwierigkeitsgrad: einfach bis mittel
Benötigte Hilfsmittel: ein Gitterbällchen (Katzen- oder Vogelspielzeug, nicht aus Plastik, da dieses leicht zerbissen wird), Clicker, Belohnungsleckerbissen

Info: Die folgende Übung ist vor allem für Kaninchen geeignet, da sie das benötigte Bewegungsmuster von Natur aus beherrschen.

Als ich mein erstes Kaninchen bekommen habe, konnte ich häufiger beobachten, wie es beim Freigang kleine Gegenstände wie Taschentuchpäckchen und zusammengeknülltes Papier mit den Zähnen aufhob und mit einer ruckartigen Bewegung nach oben warf. Besonders viel Spaß bereitete dem Kaninchen das Spiel, wenn es zuvor auf die Couch gesprungen war, weil die Gegenstände dann auf den Boden fielen und erst von mir aufgehoben werden mussten, bevor sie erneut geworfen werden konnten. Dieses „Basketballspiel" habe ich mit Hilfe des Clickertrainings bestärkt, sodass daraus schließlich eine eigenständige Übung wurde. Im Folgenden ist der Trainingsaufbau für eine Übungsvariante beschrieben, bei der nicht vorausgesetzt wird, dass das Tier zuvor das Bewegungsmuster des Bällchenhochwerfens selbstständig gezeigt hat.

Ein Gittterbällchen aus Naturmaterial lässt sich prima in die Luft werfen.

Wichtig: Wenn Sie das Gitterbällchen vor das Kaninchen halten und es darauf aufmerksam machen wollen, können Sie, wie bei Schritt 3 erwähnt, das Näschen des Kaninchens ganz vorsichtig mit dem Bällchen berühren. Wichtig ist dabei, dass Sie Ihr Kaninchen mit dem Bällchen nicht am Hals berühren, denn dies ist eine sehr empfindliche Stelle. Die meisten Kaninchen schrecken zurück, wenn sie am Hals berührt

Tipp

Ballspiele

Wenn Sie mit Ihren Nagern „Basketball spielen" und „Fußball spielen" trainieren, sollten Sie für die Übungen zwei unterschiedliche Bälle verwenden. Denn nur wenn jeder Übung ein unterschiedlicher Ball zugeordnet ist, versteht das Tier auch, was es mit dem jeweiligen Ball machen soll. Zudem sind Gitterbällchen aufgrund Ihrer Größe für das „Fußball spielen" ungeeignet.

werden, denn in der Natur kann ein Biss von einem Rivalen in den Hals den Tod bedeuten. Um solche Missverständnisse bei der Clickerübung „Basketball" von vornherein zu vermeiden, halten Sie das Bällchen also stets oberhalb des Näschens Ihres Kaninchens.

So geht's:

1 Halten Sie das Gitterbällchen (oder einen anderen Gegenstand, den das Tier gut mit den Vorderzähnen packen kann) vor Ihr Kaninchen und machen es auf den Ball aufmerksam, indem sie ihn ein wenig hin und her bewegen.

2 Hat das Kaninchen das Bällchen bemerkt, schaut in seine Richtung oder schnuppert gar daran: klicken und belohnen.

3 Versucht das Tier am Bällchen zu nagen, wenn Sie es ihm direkt vor die Nase halten oder es sogar leicht damit berühren: klicken und Jackpot geben.

4 Die Wurfbewegung selbst kann nicht einstudiert werden. Sie tritt jedoch zwangsläufig auf, wenn das Kaninchen das Bällchen hochnimmt und anschließend wieder fallen lässt. Tut es dies zum ersten Mal: klicken und Jackpot geben.

Aha!

Manche Kaninchen werfen das Gitterbällchen so übermütig in die Luft, dass sie dabei manchmal das Gleichgewicht verlieren. Üben Sie diese Übung daher auf besonders weichem Boden.

Stubenrein mit Click

Geeignet für: größere Nager, wie Kaninchen, Meerschweinchen oder Ratten
Schwierigkeitsgrad: mittel
Benötigte Hilfsmittel: Toilettenbox, Einstreu, Clicker, Belohnungsleckerbissen

Ihre kleinen Heimtiere zur Stubenreinheit zu erziehen ist der Wunsch vieler Tierhalter. Dabei ist dies eigentlich gar nicht so schwer. Es gibt mehrere Ansätze, seinem Nager letztlich zu zeigen, dass es nur in der Toilettenbox sein Geschäft verrichten soll. Im Folgenden wurde einer dieser Ansätze durch das Clickertraining ergänzt. Wenden Sie diese Methode aber nur bei Tieren an, die eine gute Beziehung zu Ihnen haben und für die es keinen Stress bedeutet, von Ihnen hochgehoben und getragen zu werden.

Info: Als Toilettenbox eignen sich Katzentoiletten oder speziell für Nager gefertigte Toiletten, die es in verschiedenen Ausführungen gibt. Manche Modelle haben eine Abdeckung in Form einer Haube, andere hingegen bestehen nur aus einer von allen Seiten zugänglichen Schale. Toiletten mit Haube haben den Vorteil, dass die Tiere die verschmutzte Einstreu nicht so leicht hinausscharren können. Auf der anderen Seite sammeln sich unter der Haube verstärkt Urindämpfe an, die z.B. eine empfindliche Kaninchennase stören und das Tier davon abhalten könnten, die Toilette weiter zu benutzen. Es bietet sich an, zwei verschiedene Modelle anzuschaffen, da für Freilauf und Gehege sowieso mehrere Toiletten benötigt werden. So können Sie leicht herausfinden, welcher Ausführung Ihre Nager den Vorzug geben.

Zum Einrichten der Toilettenbox eignen sich normale Kleintierstreu aus unbehandelten Hobelspänen, Strohpellets oder Stroheinstreu. Worauf Sie jedoch verzichten sollten sind Katzenstreuprodukte jeglicher Art. Wenn das Tier davon frisst, kann es zu schweren Vergiftungen kommen. Klumpstreu würde außerdem im Magen des Tieres extrem aufquellen, was sogar zum Tod des betroffenen Nagers führen könnte. Bei regelmäßiger Reinigung der Toilettenbox ist Katzenstreu zudem völlig unnötig, da auch Kleintierstreu den Uringeruch bis zu einem gewissen Maß absorbieren kann.

Neben den Hilfsmitteln brauchen Sie bei diesem Training noch mehr Geduld als sonst! Denn um zu vermeiden, die Tiere für längere Zeit ausschließlich im Gehege zu halten und auch noch zu trennen, üben Sie mit einem Nager oder Kaninchen, während seine Mitbewohner im Gehege oder beim Freilauf anwesend sind – und das braucht Zeit. Deswegen beginnen Sie am besten mit dem Training, wenn Sie mehrere Tage frei haben und sich intensiv Ihren Tieren widmen können.

Das Training in der Gruppe bedeutet auch, dass nur der Trainingspartner auf den Clicker konditioniert sein sollte, damit Lernerfolge der anderen Tiere nicht zunichte gemacht werden sollten. Können Sie nun nur ein Tier der Gruppe zur Stubenreinheit erziehen? Nein, es gibt einen Trick: Konditionieren (siehe Seite 34 ff.) Sie die anderen Tiere jeweils auf andere Klickgeräusche, z.B. indem Sie verschiedene Klicker mit unterschiedlichem Klang verwenden. Jedes Tier hat seinen individuellen „Klick" zur Bestätigung! Sie können nun entscheiden, ob Sie nacheinander mit den Tieren trainieren oder sich zutrauen, „gleichzeitig" mehrere Clicker zu bedienen, um jedes Tier dann individuell zu

Toiletttenbox oder Buddelkiste? Zu Beginn des Trainings kann es zu kleinen Missverständnissen kommen.

Aha!

Stubenreinheit in der Natur

Wilde Kaninchen leben in unterirdischen Bauen. Ihre Geschäfte verrichten sie an bestimmten Stellen, meist außerhalb ihrer Wohn- und Schlafhöhlen. So halten Sie Ihren Bau sauber. Eine gewisse Stubenreinheit ist Kaninchen demnach angeboren. Daher kann man Kaninchen relativ einfach beibringen, eine Toilettenbox zu benutzen.

bestätigen, wenn es das gewünschte Verhalten zeigt. Der nachfolgende Trainingsaufbau ist beispielhaft für ein Tier beschrieben.

So geht's im Gehege:

1 Stellen Sie die Toilettenbox in eine Ecke des Geheges und legen einige Kotkügelchen des Nagers hinein, damit er gleich einen Bezug zu dem neuen Gehegemobiliar bekommt.

2 Beobachten Sie Ihr Tier nun genau. Die meisten Nager haben eine bevorzugte Ecke, in der sie ihr Geschäft verrichten. Steht die Toilettenbox zufällig in dieser Ecke, wird der Nager sicher in die Toilette gehen, um sein Geschäft weiterhin in der bevorzugten Ecke zu verrichten. Erleichtert sich das Tier in der Toilette: klicken Sie und belohnen, wenn es die Box verlässt.

3 Fällt Ihnen jedoch auf, dass das Tier vermehrt in einer anderen Ecke des Geheges sein Geschäft verrichtet, müssen Sie den Platz der Toilettenbox wechseln oder sogar mehrere Toiletten aufstellen.

4 Die Sauberkeitserziehung verlangt vom Trainer viel Geduld. Er muss sein Tier nun ausgiebig beobachten und jedes Mal, wenn es dabei ist, an einen „falschen" Platz im Gehege zu urinieren oder zu koten, es schnellstens in seine Toilettenbox setzen. Hat es dort erfolgreich sein Geschäft verrichtet, erfolgen natürlich ein Klick und eine Belohnung. Sie werden sehen, schon bald wissen Sie ganz genau, wann Ihr Nager kurz davor steht, Kot abzusetzen, die meisten Kaninchen z.B. bewegen sich rückwärts und heben ihr Schwänzchen leicht nach oben. Tipp: Tiere, die sich nicht ohne weiters hochnehmen lassen, können auch mit Hilfe des Targetsticks in Richtung Toilettenbox dirigiert werden.

So geht's beim Freilauf:

1 Je nach Größe des Freilaufgebietes müssen Sie mehrere Toilettenboxen aufstellen, denn verspürt der Nager ein gewisses Bedürfnis und findet nicht in seiner näheren Umgebung eine Toilettenbox, wird er trotz sorgfältigem Training Ihren Teppich als Toilette missbrauchen. Wie auch im Gehege ist beim Aufstellen der Boxen Flexibilität gefragt. Hat der Nager eine bevorzugte Stelle im Freilaufzimmer, wo er sein Geschäft verrichtet, stellen Sie dort auch die Toilettenkiste auf. Legen Sie auch hier einige Kotkügelchen des Nagers in die Box. Manchmal ist das Aufstellen von Toilettenboxen nicht möglich, weil sich das Tier z.B. ausgerechnet unter dem Bett versteckt, um zu urinieren oder zu koten. Die einfachste Möglichkeit ist es, diese Stellen für das Tier unzugäng-

lich zu machen, indem Sie sie z.B. mit Kissen ausstopfen. Manchmal hilft es auch, wenn Sie z.B. eine Schüssel mit gesunden Leckerbissen an die entsprechende Stelle platzieren und so für Ablenkung sorgen.

2 Beobachten Sie Ihr Tier beim Freilauf. Setzt es in einer der aufgestellten Toilettenboxen Kot oder Urin ab: klicken Sie und belohnen, wenn es in der Box ist.

3 Verrichtet der Nager sein Geschäft am „falschen“ Platz, setzen Sie es rasch in eine Toilettenbox. Erleichtert es sich dort, wieder: Klick und eine Belohnung.

4 Je öfter Sie Ihr Tier für das gewünschte Verhalten belohnen können, desto eher bzw. schneller kann es eine Verbindung zwischen der Toilettenbox und der Belohnung herstellen. Allerdings gibt es auch Tiere, die trotz aller Bemühungen nicht stubenrein werden.

Die häufigsten Fehler bei der Sauberkeitserziehung

Wenn Sie Ihren Nager beobachten, müssen Sie ihm auch wirklich Ihre ungeteilte Aufmerksamkeit schenken. Sie können nicht Fernsehen schauen, ein Buch lesen, aufräumen, häkeln oder telefonieren und dabei gleichzeitig Ihre Heimtiere ganz genau beobachten. Denn der Trainingspartner benötigt seine Belohnung möglichst nach jedem erfolgreichen Gang zur Toilettenbox und das sanfte Hinweisen auf die Toilettenbox, wenn es an einer „falschen“ Stelle sein Geschäft verrichten möchte. Die Sauberkeitserziehung ist zugegebenermaßen keine wahnsinnig spannende Übung. Trotzdem müssen Sie sich viel Zeit nehmen und stets geduldig bleiben, auch wenn das Tier nach etlichen Übungsstunden scheinbar noch nicht verstanden hat, was Sie von ihm verlangen. Sehen Sie das Beobachten der Tiere nicht als lästige Aufgabe, sondern als Gelegenheit, sie besser kennenzulernen. Es erlaubt Ihnen einen tiefen Einblick in das Sozialleben und die Verhaltensmuster Ihrer Nager.

Hochnehmen ohne Kratzen und Zappeln

Geeignet für: alle Nager (siehe Info)
Schwierigkeitsgrad: mittel
Benötigte Hilfsmittel: Clicker, Belohnungsleckerbissen und eine zweite Person als Trainingsassistent

Info: Trainingsvoraussetzung ist, dass das Tier sich lediglich vor dem Hochnehmen fürchtet, nicht aber vor Berührungen durch den Menschen allgemein.

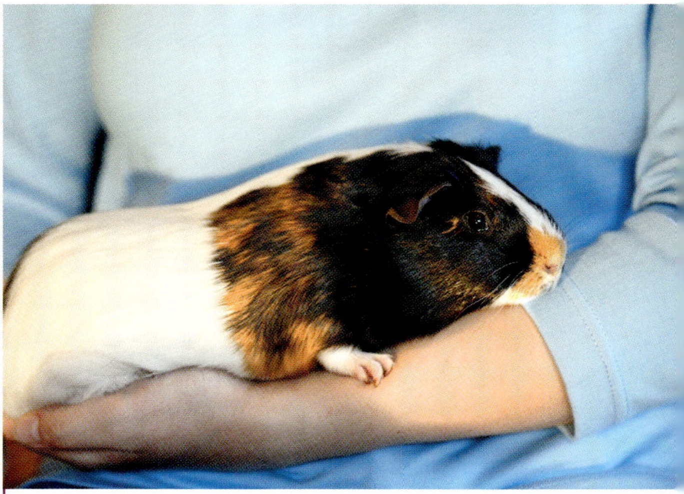

Stressfreies Hochnehmen ist die Voraussetzung für eine gemütliche Schmuserunde.

Ansonsten müssen Sie zunächst mit der Übung „Berührungsängste verlieren“ (siehe Seite 57) beginnen.

Heben Sie Ihr Kaninchen oder Ihren Nager nicht am Nackenfell hoch. Dies kann den Tieren Schmerzen zufügen und bereitet vielen Tieren Stress, da es ähnlich dem Packen eines Greifvogels ist. Als Trainingsort eignet sich das Gehege, da das Tier ja auch beim Hochnehmen aus dem Gehege keine Angst bekommen soll.

So geht's:

1 Berühren Sie Ihren Nager vorsichtig unter dem Bauch. Bleibt er ruhig: klicken und belohnen.

2 Fassen Sie Ihr Tier mit einer Hand unter dem Bauch, stützen Sie es mit der anderen Hand unter den Hinterfüßen und heben Sie es vorsichtig ein paar Zentimeter vom Boden ab. Gleichzeitig sagen Sie ein vorher überlegtes Wort, z.B. „Hoch“. Bei dieser Übung dient das Wort nicht als eigentliches Kommando, es „erklärt“ Ihrem Tier vielmehr, was mit ihm geschieht. Denn wenn Sie jedes Mal das gleiche Kommando nennen, weiß der Nager bald, was mit ihm passiert, wenn er das bekannte Wort hört. Verhält er sich dabei ruhig, klickt Ihr Assistent und belohnt.

Tipp

Trainingsassistent

Bei dieser Übung von Vorteil, wenn zwei Trainingspersonen vorhanden sind. Einer von Ihnen kann sich dann voll und ganz auf das Hochnehmen konzentrieren, der andere übernimmt den Clicker und das Belohnen.

3 Setzen Sie gleich darauf das Tier wieder auf den Boden und sagen Sie dabei ein weiteres Kommando, z.B. „Hinunter.“ Berühren die Füßchen des Nagers den Boden, klickt Ihr Trainingsassistent und belohnt das Tier ausgiebig.

4 Zappelt Ihr kleiner Trainingspartner, während Sie ihn hinunterlassen wollen, warten Sie eine Minute, ob er sich beruhigt. Den Klick und die Belohnung gibt es nur dann, wenn er sich ohne zu zappeln absetzen lässt. Läuft die Übung zum ersten Mal ohne größere Probleme ab, bekommt der Nager seinen wohl verdienten Jackpot. Natürlich kann man es keinem Tier zumuten, es längere Zeit frei schwebend in der Luft zu halten, gerade wenn es große Angst davor hat. Hört der Nager aber einfach nicht auf zu zappeln und zu kratzen, setzen Sie ihn trotzdem vorsichtig ab, aber ohne zu klicken und zu belohnen. Verkneifen Sie sich dabei jedes Wort und jede Unmutsäußerung. Gehen Sie stattdessen weg und ignorieren Sie den Nager für eine kurze Weile, um die Übung zu einem späteren Zeitpunkt zu wiederholen.

5 Üben Sie diese Übung nun während jeder Trainingsrunde. Wenn die Schritte 1 bis 4 problemlos klappen, können Sie damit anfangen, das Tier ein wenig höher zu halten und nach und nach die Dauer des Hochhebens verlängern. Immer wenn das Tier sich ruhig verhält: klicken und belohnen.

6 Ist das Tier bei Schritt 5 entspannt, heben Sie den Nager zum Abschluss der Übung noch einmal hoch und drehen dabei langsam Ihren Körper und somit auch das Tier zur Seite, bis es sich außerhalb des Geheges bzw. über einer

anderen Stelle des Bodens als vorher befindet. Hat es dabei das erste Mal nicht gezappelt und gekratzt: klicken und Jackpot geben.

Keine Angst vor der Transportbox

Geeignet für: alle Nager
Schwierigkeitsgrad: einfach bis mittel
Benötigte Hilfsmittel: Transportbox, Clicker, Belohnungsleckerbissen, eventuell zu Beginn der Übung einen Targetstick

Info: Demnächst steht wieder ein Tierarztbesuch an und Ihnen graut schon jetzt vor dem Tag, wenn Sie Ihren Nager nehmen und in die Transportbox setzen müssen, um mit ihm zum Tierarzt zu fahren? Ihr Tier hat panische Angst, wenn es in die dunkle Transportbox muss und sei es auch nur für wenige Minuten? Dann ist diese Übung genau die richtige für Sie und Ihr Tier. Denn sieht der Nager die Transportbox als einen freundlichen und ganz und gar nicht beängstigenden Ort an, so wird auch der anstehende Tierarztbesuch nur halb so stressig für ihn sein wie vorher.

Hat Ihr Nager sich an das Sitzen in der engen Transportbox gewöhnt, können Sie mit ihm auch auf Reisen gehen. Bedenken Sie jedoch, dass dies trotz allem viel Stress für Ihr Tier bedeutet und ihm dies nur in Ausnahmefällen zugemutet werden sollte.

Auf dem Weg zur Transportbox lockt der Targetstick, in der Transportbox belohnt ein Leckerbissen.

So geht's:

1 Führen Sie Ihren Nager mit Hilfe des Targetsticks in die Transportbox. Sie können Ihn auch direkt hineinsetzen, jedoch ziehe ich die Methode mit Zeigestab vor, da sie dem Tier keine Zwänge auferlegt und auf freiwilliger Basis wirkt. Voraussetzung ist jedoch, dass der Nager das Targetting schon souverän beherrscht. Für den weiteren Übungsaufbau benötigen Sie den Targetstick nicht mehr.

2 Sitzt Ihr Nager nun in der Transportbox, klicken und belohnen Sie ihn im gleichen Moment und lassen ihn anschließend wieder hinauslaufen. Wie-

Tipp

Cool bleiben im Auto

Viele Tiere haben im fahrenden Auto Angst. Halten Sie Autofahrten so kurz wie möglich und vermeiden Sie dabei Hitze und Zugluft. Manchmal kann es helfen, leise das Radio einzuschalten, sofern das Tier an Musik gewöhnt ist. Mit einer zweiten Person als Trainingsassistenten können Sie ruhiges Verhalten des Tieres mit Klick und Leckerbissen bestätigen.

derholen Sie Schritt 1 und 2 mehrmals, bis Sie zum nächsten Schritt übergehen.

3 Nun soll Ihr Nager ein wenig länger in der Transportbox sitzen bleiben. Zu diesem Zweck verschließen Sie die Box kurz, um sie wenige Sekunden danach wieder zu öffnen. Hat sich das Tier in der Zwischenzeit ruhig verhalten: klicken und belohnen. Wichtig ist, dass die Belohnung erfolgt, während Ihr kleiner Trainingspartner noch in der Transportbox sitzt.

4 Nach und nach können Sie nun die Zeitspanne zwischen Verschließen und Öffnen der Box verlängern, zum Schluss in der Transportbox immer klicken und belohnen. Dabei kommt es auf gutes Timing an! Beobachten Sie Ihr Tier unbedingt genau und bestätigen Sie es mit Klick und Belohnung und öffnen Sie die Tür, bevor es erste Anzeichen von Stress zeigt und in Panik gerät. Belohnen Sie große Fortschritte mit dem Jackpot.

5 Verhält sich das Tier auch nach mehrmaliger Wiederholung bei Schritt 4 entspannt, können Sie die Transportbox anheben, sobald der Nager darin sitzt. Anfangs sollten Sie die Box nur wenige Zentimeter hochheben und sogleich wieder sanft auf dem Boden abstellen. Bleibt der Nager ruhig und entspannt: klicken und Jackpot geben.

6 Der nächste und letzte Schritt besteht darin, die Transportbox nicht nur anzuheben, sondern sie zu tragen und auch mit ihr herumzulaufen. Wie gewohnt sollten Sie mit einer kurzen Zeitspanne beginnen, um Ihren Nager nicht zu verschrecken. Ruhiges Verhalten wird mit Klick und Belohnung bzw. beim ersten Mal mit Jackpot bestätigt.

Gutes Benehmen im Gehege

Geeignet für: alle Nager
Schwierigkeitsgrad: mittel
Benötigte Hilfsmittel: Clicker, Belohnungsleckerbissen

Info: „Gutes Benehmen“ – was ist das eigentlich? Das hängt ganz davon ab, was Sie für sinnvoll erachten. Vielleicht wünschen Sie sich, dass der kleine Liebling artig wartet, bis Sie ihm seine Futterschüssel in das Gehege gestellt haben, anstatt am Rand zu hängen und an den Gitterstäben zu nagen? Oder wollen Sie nicht immer Angst haben, dass der Kleine ausbricht, um das Zimmer zu erkunden, sobald Sie die Käfigtür öffnen?

All dies sind mehr oder weniger gewichtige Probleme, die im Alltag mit Tieren entstehen können. Und auch hier können Sie mit dem Clickertraining Abhilfe schaffen. Allerdings sollten Sie sich auf die Punkte beschränkten, die zur Gefahrenvermeidung wichtig sind und nicht so weit gehen, das natürliche Verhalten des Tieres einzuschränken. Überlegen Sie vor dem Training daher genau, ob es sich bei dem gezeigten Verhalten wirklich um ein Fehlverhalten oder nur um eine Eigenart des Tieres handelt. Letzteres kann und sollte man nicht versuchen, dem Nager abzugewöhnen, denn es liegt nicht in unserer Hand, den kompletten Charakter eines Individuums zu verändern. Überlegen Sie auch, ob das Tier das unerwünschte Verhalten zeigt, weil z.B. das Gehege zu klein oder nicht den Bedürfnissen der Tiere entsprechend eingerichtet ist, die Ernährung oder ein anderer Aspekt der Tierhaltung verbessert werden sollte.

So geht's:

Das Tier immer dann mit Klick und Belohnung bestätigt, wenn es das problematische Verhalten, das sie stört, nicht zeigt. Zeigt es hingegen das unerwünschte Verhalten, wird es vollkommen ignoriert.

Beispiel:
Jedes Mal, wenn Sie das Zimmer betreten, hängt ihre Meerschweinchenbande an den Gitterstäben und nagt solange daran, bis Sie ihnen etwas zu fressen geben oder zumindest Ihre Aufmerksamkeit schenken. Sicher haben Sie schon vieles ausprobiert, um den frechen Nagern dieses nervende Verhalten abzugewöhnen. Doch Tipps, wie die Stäbe mit Essig einzureiben haben lediglich bewirkt, dass sich die Tiere aus Abscheu vor dem beißenden Geruch überhaupt nicht mehr aus ihrem Schlafhäuschen gewagt haben und nach ein paar Stunden, nach denen der Gestank verflogen war, ihre alte Gewohnheit wieder aufgenommen haben.

Nur wenn die Tiere betteln ohne an der Umrandung zu nagen, bekommen sie ihre Belohnung.

1 Wenn Sie nun das nächste Mal das Zimmer betreten, bleiben Sie in der Nähe des Käfigs stehen. Warten Sie, bis sich die Tiere ruhig verhalten. Männchen machen und nach Ihnen schauen ist erlaubt, solange das lästige Gitterstäbenagen nicht auftritt. Dies mag ein paar Minuten dauern, in denen Sie sich gedulden müssen.

2 Erst wenn kein Tier am Gitter nagt, dürfen Sie klicken und jedem einen Belohnungsleckerbissen geben.

3 Nagen die Tiere gleich darauf wieder an den Stäben, weil Sie noch mehr Leckerbissen möchten, ignorieren Sie sie wieder völlig und warten, bis sie sich beruhigt haben. Es ist hilfreich, wenn Sie den Tieren z.B. den Rücken zuwenden und sich auch sonst vollkommen passiv verhalten, also nicht reden und auf und ab gehen.

4 Halten Sie sich nun jedes Mal streng an diesen Ablauf, sobald Sie das Zimmer betreten. Sie werden sehen, dass das unerwünschte Verhalten bald seltener auftritt und nach einer Weile vielleicht ganz verschwindet.

Krallen schneiden ohne Stress

Geeignet für: alle Nager, die regelmäßig ihre Krallen geschnitten bekommen und davor Angst haben
Schwierigkeitsstufe: mittel
Benötigte Hilfsmittel: Krallenschere, Clicker, Belohnungsleckerbissen, Trainingsassistent

Info: Die Krallen von Nagern und Kaninchen wachsen ständig nach. In der freien Natur nutzen sich diese Krallen von

Keine Angst vorm Krallenschneiden mit Hilfe des Clickertrainings.

ganz alleine ab, beispielsweise indem das Tier buddelt und über Steine oder eine andere raue Unterfläche läuft.

Bei der Heimtierhaltung sieht das etwas anders aus. Natürlich sollten Sie auch im Gehege versuchen, die natürliche Umgebung des jeweiligen Tieres so genau wie möglich nachzubauen. Dazu gehören Äste, angeraute Sitzplätze und Buddelmöglichkeiten.

Trotzdem sollten Sie in regelmäßigen Abständen die Krallen des Nagers kontrollieren. Bei Kaninchen und Meerschweinchen müssen Krallen meist in einem Abstand von 4 bis 6 Wochen gekürzt werden, bei kleineren Nagern wie Hamstern, Mäusen oder Degus seltener oder, wenn man Glück hat, gar nicht. Zu lange Krallen verursachen Probleme beim Laufen, es können sich dann aufgrund eines falschen „Laufstils" schmerzhafte Schwielen bilden, ganz zu schweigen, dass das Tier mit den Füßchen irgendwo hängen bleibt und sich dabei verletzt.

Verwenden Sie zum Schneiden der Krallen am besten eine spezielle Krallenschere aus dem Zoofachhandel. Geschnitten wird immer so, dass die Krallen ihre natürliche Form beibehalten. Sie werden also nicht gerade gekürzt, sondern der Schnitt geht schräg, damit die Spitze der Krallen bestehen bleibt. Durch die Krallen der Nager läuft ein Blutgefäß, das bei hellen Krallen gut erkennbar ist. Bei dunklen Krallen können Sie die Kralle mit einer Taschenlampe durchleuchten, um das Blutgefäß besser zu sehen. Im Idealfall kürzen Sie die Krallen bis ein oder zwei Millimeter vor dem Blutgefäß. Sollten Sie einmal das Blutgefäß verletzen, können Sie ein Stückchen Kernseife auf die Kralle drücken, um die Blutung schneller zu stoppen.

Tipp

Nur ein kleines Stück

Um den letzten Schritt in Ruhe üben zu können, bietet es sich an, die Krallen jedes Mal nur ein winziges Stück zu kürzen, damit Sie die Übung schon in den darauf folgenden Tagen wiederholen können. Hat Ihr Nager einmal verstanden, wie das Prinzip dieser Clickerübung funktioniert, ist dies nicht mehr nötig.

Doch was tun, wenn der Nager sich seine Krallen partout nicht schneiden lassen möchte? Wenn er zappelt und kratzt und dabei noch herzerweichend quietscht, sobald man mit der Krallenschere auch nur in die Nähe seiner Füßchen kommt? Folgende Übung soll Abhilfe für dieses Problem schaffen und Ihnen in Zukunft das stressige Schneiden der Krallen erleichtern. Sie brauchen dafür einen Assistenten. Dieser soll das Tier halten, während Sie die Krallen kürzen und den Clicker betätigen.

So geht's:

1 Ihr Trainingsassistent fasst das Tier mit einer Hand um den Bauch, mit der anderen stützt er das Hinterteil und lehnt den Nager nun mit dem Rücken an seinen eigenen Bauch. Idealerweise klemmt er nun noch die Vorderfüßchen zwischen Mittel- und Zeigerfinger der einen Hand, dann haben Sie es später mit dem Krallenschneiden etwas leichter.

2 Liegt das Tier nun in dieser ungewohnten Haltung und verhält es sich dabei ruhig und zappelt nicht, klicken Sie, lassen es runter und geben

ihm einen Belohnungsleckerbissen. Manche Tiere fressen auch, wenn Sie noch mit dem eben beschriebenen Griff gehalten werden. Wenn dies auch bei Ihrem Nager der Fall ist, so ist es nicht nötig, ihn nach dem Klickgeräusch jedes Mal loszulassen. Strampelt Ihr Nager jedoch, so warten Sie ein bis zwei Minuten, bis er sich beruhigt hat, und klicken erst dann. Dauert diese Phase länger, lassen Sie ihn trotzdem los, ohne danach allerdings zu klicken und versuchen es zu einem späteren Zeitpunkt erneut.

3 Lässt sich Ihr Tier problemlos von Ihrem Assistenten festhalten, können Sie nun nach seinem Füßchen fassen. Dieses müssen Sie während des Krallenschneidens festhalten, um zu vermeiden, dass Sie in das Blutgefäß schneiden, sollte der Nager doch einmal zu zappeln beginnen. Erlaubt Ihr Tier Ihnen, sein Füßchen festzuhalten: klicken und belohnen.

So können Sie gemeinsam mit einer Hilfsperson Ihren Meerschweinchen gefahrlos die Krallen schneiden.

4 Haben Sie vorherigen Schritt mehrmals wiederholt und bereitet er Ihnen und Ihrem Tier keine Probleme mehr, können Sie damit beginnen, den Nager an die Krallenschere zu gewöhnen. Dazu berühren Sie die Kralle mit der Schere, fast so, als wollten sie schon damit schneiden. Zuckt das Tier nicht zurück: klicken und belohnen.

5 Der nächste Schritt besteht darin, nun tatsächlich die Krallen zu kürzen. Unmittelbar danach klicken und belohnen Sie Ihr Tier ausgiebig – beim ersten Mal Jackpot nicht vergessen! Klicken Sie anfangs noch jedes Mal nachdem Sie geschnitten haben, erfolgt der Klick später nur noch, wenn der Nager auch wirklich still gehalten hat. Nach einer Weile wird er dann verstanden haben, wann genau er seine Belohnung bekommt und wann nicht.

Fellpflege tolerieren

Geeignet für: alle Nager, die eine Abneigung gegen die regelmäßige Fellpflege haben
Schwierigkeitsstufe: mittel
Benötigte Hilfsmittel: Bürste, Clicker, Belohnungsleckerbissen

Info: Besonders bei langhaarigen Tieren, wie Angorakaninchen oder lockigen Merinomeerschweinchen, ist die tägliche Fellpflege ein Muss, da die Tiere selbst damit überfordert sind. Wollen

Sie Ihrem Tier nun nicht einen praktischen und im Sommer angenehmen Kurzhaarschnitt verpassen, haben Sie ein Problem, wenn das sonst so zutrauliche Tier vor Ihnen Reißaus nimmt, sobald Sie mit der Bürste in seine Nähe kommen. Mit der folgenden Übung ist es möglich, dieses Problem zu beseitigen oder zumindest stark zu verringern. Dabei sollten Sie jedoch zunächst überlegen, weshalb das Tier sich nicht von Ihnen kämmen lassen möchte. Handelt es sich dabei wirklich nur um eine Furcht vor der Bürste oder dem Kamm, ist die Fellpflege wegen bereits verfilzter Stellen schmerzhaft oder lässt sich Ihr Nager generell nur ungern von Ihnen anfassen? Ist Letzteres der Fall, sollten Sie zunächst einmal die Übung „Berührungsängste verlieren" (siehe Seite 57) mit ihrem Nager einüben und sich erst anschließend wieder dem Bürsten widmen.

Am besten für die Fellpflege geeignet sind weiche Bürsten. Daran können sich die Tiere nicht verletzen, sollten Sie einmal unerwartet aufspringen oder sich umdrehen. Kämme sind in der Regel weniger geeignet, denn bei Kurzhaartieren bringen Sie nur wenig Erfolg und Langhaartiere empfinden die Fellpflege mit einem Kamm oftmals als sehr unangenehm. Verfilzte Stellen im Fell sollten vorsichtig herausgeschnitten werden, so sparen Sie dem Nager das schmerzhafte Ausbürsten und verhindern, dass sich Parasiten in den Verfilzungen einnisten. Es hat sich als vorteilhaft gezeigt, für jeden Nager eine eigene Bürste zu benutzen, denn der Geruch eines anderen Tieres an der Bürste könnte das Tier verunsichern oder zu stark ablenken, sodass es die Fellpflege nicht entspannt genießen kann.

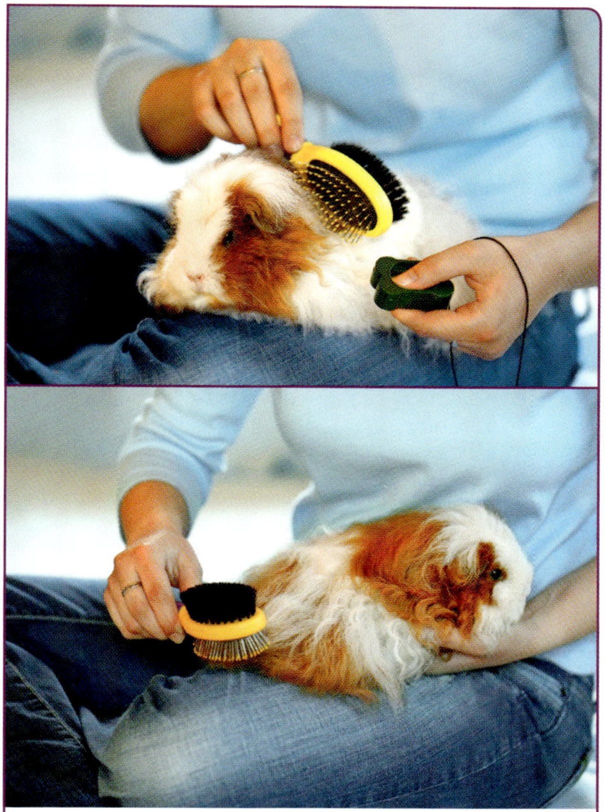

Meerschweinchen Ida genießt die Fellpflege. Zu Beginn des Trainings verwenden Sie immer die weiche Bürste und trainieren nur kurz, bis Ihr Tier sich dies entspannt gefallen lässt.

So geht's:

1 Am besten setzen Sie sich Ihren Nager für diese Übung auf den Schoß oder unmittelbar vor sich auf den Boden. Wenn möglich, können Sie die Fellpflege auch in die täglichen Streicheleinheiten einbauen und sie so zu etwas ganz Alltäglichem werden lassen.

2 Nehmen Sie die Bürste und lassen Sie das Tier in aller Ruhe daran schnuppern.

Tipp

Kein Ziepen

Verwenden Sie anfangs eine ganz weiche Bürste, damit es auf keinen Fall ziepen kann.

3 Streicheln Sie nun Ihren Nager an der Stelle seines Körpers, die Sie zuerst bürsten möchten. Bleibt das Tier bei Ihrer Berührung ruhig liegen: klicken und belohnen.

4 Anschließend fahren Sie mit der glatten Rückseite der Bürste über die entsprechende Fellstelle. Bleibt das Tier ruhig: klicken und belohnen.

5 Streichen Sie ganz sanft mit den Borsten der Bürste über diese Stelle des Fells. Dieser Schritt sollte nur kurz dauern, um eine positive Grundlage für den weiteren Übungsverlauf zu schaffen. Zeigt der Nager das gewünschte Verhalten: klicken und belohnen.

6 Bereitet Schritt 5 keinerlei Probleme mehr, können Sie beginnen, ein wenig mehr Druck auf die Bürste auszuüben, verständlicherweise nur so viel, dass es Ihrem Tier nicht unangenehm wird. Bleibt der Nager ruhig sitzen: klicken und belohnen.

7 Nach und nach können Sie die Fellpflege nun auf den gesamten Körper des Tieres ausweiten. Bei empfindlichen Körperstellen wie Gesicht oder Bauch müssen Sie besonders vorsichtig sein oder diese beim Bürsten auslassen. Bleibt das Tier ruhig: klicken und belohnen. Den Jackpot gibt es z.B., wenn das Tier bei längerem Bürsten zum ersten Mal ruhig sitzen bleibt.

Nicht an Kabeln knabbern

Kennen Sie die folgende Situation: Ihre Kaninchen, Meerschweinchen oder Ratten haben Freilauf im Zimmer und Sie sitzen auf der Couch, blättern in einer Illustrierten und werfen ab und an einen wachsamen Blick auf die Tiere. Dann ist ein Tier in Richtung Schreibtisch verschwunden. Sie springen auf, stürzen zum Tisch und können Ihr Tier gerade noch darunter hervorziehen, bevor es genüsslich in ihre Computerkabel beißt. Es hätte schlimme Folgen haben können, wenn Sie nicht rechtzeitig eingegriffen hätten!

Es wäre eine schöne Lösung, wenn Sie Ihren Tieren das Anknabbern von Kabeln mit dem Clicker abgewöhnen könnten. In der Theorie sieht der Übungsaufbau wie folgt aus:

Bei der Trainingseinheit müsste wieder ein passives Verhalten antrainiert werden. Wenn Sie mit Ihren Nagern „gutes Benehmen" im Käfig geübt haben (siehe Seite 74 f.) wissen Sie, dass dabei immer nur dann geklickt wird, wenn die Nager sich ruhig verhalten und nicht an den Gitterstäben nagen. Zeigen die Tiere hingegen unerwünschtes Verhalten, werden sie ignoriert. Sie warten, bis wieder ein Verhalten gezeigt wird, das bestätigt werden kann. Die Übung „Nicht an Kabeln knabbern" würde prinzipiell genauso funktionieren. Dabei ergibt sich jedoch das Problem: Sie können nicht warten, bis das Tier das gefährliche Verhalten einstellt – denn ist das Kabel durchgenagt, hat ihr Nager einen vielleicht tödlichen Stromschlag erlitten!

Auch beim Clickertraining gibt es Grenzen. Das Verhalten des Kabelknabberns stößt dabei an eben jene Grenzen. Einen konkreten Übungsaufbau für das Clickertraining werden Sie hier deswegen nicht finden, da sich dieser sehr schwierig gestaltet und auch nur bei einzelnen Tieren Erfolg hätte. Doch es gibt Möglichkeiten, Ihre nagefreudigen Tierchen zu schützen:

1 Machen Sie es den Nagern unmöglich, an frei liegende Kabel zu gelangen. Mit geringem Aufwand können Sie ein Zimmer sicher gestalten. Verlegen Sie Kabeln hinter Sockelleisten oder durch Kabelschläuche. Wenn Sie verhindern möchten, dass die Nager unter oder hinter Schränke und Sofas krabbeln, können entsprechende Stellen mit Kissen, Decken etc. ausgestopft werden. Das macht auch eine „Anti-Knabber-Clickerübung" überflüssig. Denn selbst wenn Ihr Nager mit einer entsprechenden Übung lernen könnte, dass das Anknabbern von Kabeln verboten ist, gibt es keine Garantie dafür, dass Ihr Tier in einem unbeobachteten Moment nicht doch wieder rückfällig wird. Es gilt deshalb grundsätzlich: Lassen Sie Ihr Haustier bitte niemals ohne Aufsicht in einer Gefahrenzone laufen, auch wenn es üblicherweise Kabel nicht beachtet.

2 Das Nagebedürfnis bei Kaninchen, Meerschweinchen, Hamster und Co. ist angeboren und kann nicht unterdrückt werden – und das sollten Sie auch gar nicht erst versuchen. Nagetiere nagen nun einmal, deshalb ja auch die Namensgebung, das gilt auch für Kaninchen. Das Nagen ist wichtig für sie, denn die Zähne wachsen ein Leben lang weiter. Durch das Benagen von Zweigen und das Kauen von Heu nutzen sie sich ab. Bieten Sie stets genügend Nagematerial an, damit Ihre Tiere sich nicht anderweitig Ersatz suchen müssen.

3 Wenn Ihr Nager beim Freilauf trotzdem an den Kabeln knabbern möchte, beenden Sie sofort den Freigang, setzen das Tier zurück in sein Gehege und ignorieren es.

4 Tipp mit Klick: Bieten Sie im Freilaufzimmer mehrere Äste zum Benagen an. Knabbert das Tier daran, bestärken Sie das mit einem Klick und einer Belohnung. Geht er von sich aus nicht zu den angebotenen Nagematerialien, können Sie ihn mit Hilfe des Targetsticks dorthin führen.

Eine Haselnuss im Topf ist eine tolle Alternative, an der Ihre Tiere jederzeit knabbern dürfen.

Click nach Plan

Trainingstagebuch

Ein Tagebuch über den Verlauf des Trainings zu führen ist sehr nützlich und hilft Ihnen, die einzelnen Übungen und die Mitarbeit Ihres Tieres besser nachzuvollziehen.

Tag 1

Heute habe ich mit Meerschweinchen Oliver mit dem Clickertraining begonnen. Obwohl Oliver schon seit einigen Wochen bei mir wohnt, ist er Menschen gegenüber immer noch ein wenig misstrauisch und scheu. Ich hoffe, dass wir diese Verhaltensauffälligkeit mit Hilfe des Clickertrainings verringern können.

Zunächst habe ich Oliver in aller Ruhe den neuen Trainingsort erkunden lassen. Ich habe beschlossen, die Küche als neutralen Trainingsort zu wählen, da es dort nur wenig Gerüche von meinen anderen Tieren gibt und der kleine Meerschweinchenjunge dadurch nicht so stark abgelenkt wird. Damit der neue Trainingsort trotzdem nicht zu fremd oder gar beängstigend auf Oliver wirkt, habe ich seine blaue Kuscheldecke auf den Boden gelegt. Auf ihr werden künftig unsere Übungsstunden stattfinden.

Nachdem Oliver mit dem Untersuchen seiner unbekannten Umgebung fertig war, habe ich mit dem Clicker geklickt und ihm unmittelbar darauf einen Belohnungsleckerbissen, ein kleines Stückchen Salat, gegeben. Anfangs fand er das Klickgeräusch ein wenig verwirrend, doch nach ein paar Mal klicken und Belohnung geben hatte er sich schließlich daran gewöhnt. Da ich beim Training einen lautstärkenverstellbaren Clicker benutze, konnte ich ihn auf die leiseste Stufe einstellen, was die Gewöhnung erleichtert hat.

Nach ungefähr 15-mal klicken habe ich unsere erste Übungsstunde beendet. Das Meerschweinchen bekam noch eine extra Portion Streicheleinheiten, dann habe ich es zurück in das Gehege zu seinen Freunden gesetzt.

Olivers großer Tag:
Die erste Clickerstunde.

Tag 2

Oliver findet es sehr aufregend, wenn ich ihn in der Küche auf seine Kuscheldecke (und jetzt natürlich Trainingsdecke) setze. Neugierig läuft er hin und her und muss alles ganz genau beschnuppern. Von der Decke hinunter traut er sich nicht, denn der Boden ist gekachelt und somit glatt und kalt. Darüber bin ich froh, denn es würde das Training sicherlich erschweren, wenn das Meerschweinchen unter dem Esstisch und den Stühlen umherkrabbeln würde (und ich hinterher).

Heute habe ich erneut nur geklickt und Oliver gleich darauf seine Belohnung gegeben. Er hat sich wirklich auffallend schnell an das Klickgeräusch gewöhnt und heute schon so getan, als wäre das, für Meerschweinchenohren doch relativ laute Klicken, ein ganz alltägliches Geräusch.

Tag 3

Die dritte Übungsstunde bestand ebenfalls aus Konditionierung des Clickers. Ich hätte zu gerne schon mit dem Training mit dem Targetstick begonnen, doch wenn die Verbindung zwischen Klickgeräusch und Belohnung von dem zu traininerenden Tier noch nicht hundertprozentig verstanden wurde, macht ein weiteres Training wenig Sinn.

Deshalb musste ich mich heute noch gedulden und Oliver nur weiterhin mit vielen kleinen Salatleckerbissen erfreuen, die er scheinbar fürs „Nichtstun“ erhielt.

Tag 4

Heute habe ich zu Beginn unserer Übungsstunde ein paar Mal das Konditionieren des Clickers wiederholt und anschließend mit dem Targetting begonnen.

Dazu habe ich dem kleinen Oliver den Targetstick unmittelbar vor das Näschen gehalten und, wenn er neugierig daran geschnuppert hat, geklickt und ihn belohnt. Das Üben ging ein paar Mal ganz gut, bis Oliver das Interesse an dem neuen Spiel verloren hatte und erst einmal eine Runde durch das Zimmer flitzen musste.

Als er wieder in meine Nähe kam, bekam er erneut den Targetstick vor die Nase gehalten und siehe da, er hat tatsächlich wieder daran geschnuppert und bekam daraufhin seinen Belohnungsleckerbissen. Allerdings bin ich mir nicht so ganz sicher, ob er wirklich schon verstanden hat, dass ich nur noch klicke, wenn er das Bällchen vom Targetstick berührt. Wahrscheinlich findet er bis jetzt das komische Ding, das da vor seiner Nase wackelt, einfach nur schrecklich interessant und stupst es deshalb an. Aber der Meerschweinchenjunge wird die Verbindung zwischen seinem Verhalten und dem Klickgeräusch schon noch verstehen, da bin ich sicher. So haben Oliver und ich die Trainingsstunde nach ungefähr zwanzig Minuten beendet.

Tag 5

Heute habe ich leider keine Fortschritte zu vermerken. Oliver und ich haben wieder mit dem Targetstick geübt, doch die Trainingsrunde nach kurzer Zeit schon wieder beendet. Mein Übungspartner war heute sehr unkonzentriert und fand alles andere interessant, nur nicht den Targetstick. Naja, auch Meerschweinchen haben einmal einen schlechten Tag.

Tag 6

War Oliver gestern nicht in Form, hat er sich heute umso mehr angestrengt. Ich konnte den Targetstick schon ein bisschen weiter weg halten und er hat sich trotzdem danach gereckt. Es bereitet ihm auch keine großen Probleme, den Kopf zur Seite zu drehen, um das Bällchen berühren zu können. Offensichtlich ist er ein besonders gelehriges Tier, denn wir üben schließlich noch nicht einmal eine Woche. Ich bin wirklich gespannt, wie unsere Übungsstunden weiter verlaufen werden ...

Tag 10

In den letzten Tagen habe ich eine Schreibpause eingelegt – jedoch keine Trainingspause. Deshalb gibt es auch schon wieder Neuigkeiten zu berichten. Oliver hat mittlerweile gelernt, dem Targetstick ein paar Schritte zu folgen und diese kurze Strecke überwindet er mit solch einer Leichtigkeit, dass es jedes Mal eine helle Freude ist ihm zuzusehen. Man merkt nun deutlich, dass ihm das Training genau wie mir großen Spaß macht.

Es fällt jedoch auch auf, dass unsere Übungsstunden für Oliver recht anstrengend sind, deshalb habe ich den Gedanken, in den folgenden Tagen zweimal am Tag zu üben, rasch wieder verworfen.

Wo ist der Targetstick? Oliver lässt den Zeigestab nicht mehr aus den Augen.

Tag 12

Die Strecken, die Oliver dem Targetstick folgt, werden immer größer. Zwar lässt er sich manchmal auch von anderen Dingen ablenken und bleibt dann auf halbem Weg sitzen, doch die meiste Zeit gelingt es mir recht gut, seine Aufmerksamkeit gleich darauf wieder auf das Clickertraining zu lenken. Spätestens wenn ich mit dem Targetstick leicht auf den Boden klopfe, kommt Oliver eifrig angerannt, um die Quelle des Geräuschs ausfindig zu machen.

Tag 15

Heute habe ich begonnen, mit Oliver „Männchen machen“ zu üben. Er reckt auch schon recht bereitwillig sein Näschen nach oben, um das Bällchen am Targetstick berühren zu können. Warum er sich dafür jedoch auf die Hinterfüßchen stellen soll, erscheint ihm nicht einleuchtend. Und halte ich den Targetstick so hoch, dass er nicht dran kommen kann, ohne „Männchen“ zu machen, so läuft er einfach weg und sucht sich eine andere Beschäftigungsmöglichkeit. Aber wahrscheinlich muss ich einfach mehr Geduld mit ihm haben. Man kann wirklich nicht erwarten, dass er an einem einzigen Tag eine ganze neue Übung lernt.

Tag 25

Olivers Repertoire an Übungen erstreckt sich mittlerweile von einem sehr souveränen Targettraining über „Männchen machen“ ohne Hilfestellung bis zu dem

Folgen des Targetsticks über eine zugegeben noch sehr flache Brücke.

Heute wollte ich einer Freundin Olivers Fortschritte zeigen und habe wie gewohnt das Training mit ihm begonnen: erst ein wenig aufwärmen mit einem ganz einfachen Targetting, noch keine allzu großen Strecken überwinden.

Doch der kleine Nager saß einfach nur da, ohne sich zu bewegen und schaute den Targetstick aus seinen großen, schwarzen Knopfaugen an. Gut, ich dachte, er sei heute eben etwas langsamer als sonst und bemühte mich deshalb frohen Mutes weiter um seine Aufmerksamkeit. Doch viel mehr als ein bisschen Targetting bekam meine Freundin an diesem Tag nicht zu sehen, was sie verständlicherweise zu einigen spöttischen Worten über den „großen Clickerkünstler" verleitete.

Aber ganz offensichtlich ist Oliver noch nicht so weit, dass wir unsere Übungen vor Publikum vorführen können. Denn obwohl sich unsere Zuschauerin die ganze Zeit über ruhig verhalten hat, war er doch abgelenkt und musste ständig in ihre Richtung schnuppern. Sicher hat das kleine Meerschweinchen zusätzlich meine Anspannung gespürt, denn ich wollte natürlich ein besonders gutes Training vorführen.

Vor unserem nächsten Auftritt werden wir also noch eine Weile üben müssen, denn auf dem Weg zum „großen Clickerkünstler" stehen wir noch ziemlich am Anfang.

Aber die spielerischen Übungsstunden mit Oliver machen von Tag zu Tag mehr Spaß und so beende ich diesen Tagebucheintrag mit der Gewissheit, dass es schon morgen neue Erfolge zu berichten gibt, ungeachtet einer misslungenen Vorführstunde.

Männchen machen ist eine von Olivers Lieblingsübungen.

Trainingsergebnisse festhalten

Gerade wenn Sie mit mehreren Tieren das Clickertraining ausprobieren möchten, ist es dabei hilfreich, die Trainingsergebnisse zu dokumentieren. So können Sie die Fortschritte besser vergleichen und auch im Nachhinein genau nachvollziehen, wie und mit welchem Tempo Sie bei den einzelnen Übungen vorgegangen sind. Dies erleichtert das Training mit einem weiteren Nager enorm, da dann eine Art spezieller Trainingsplan für die entsprechende Nagerart schon vorliegt. Dieser kann dann zumindest als Richtlinie dienen, auch wenn er natürlich für jedes Tier individuell abgestimmt werden muss.

Trainingstagebuch

Der Trainingskandidat

Name: ....

Tierart und Rasse: ....

Alter: .... Wohnt bei mir seit: ....

Besondere Eigenarten: ....

Trainingsziel: ....

Übungsstunde Nr.	Dauer der Übungsstunde:
Was wurde trainiert?	
Fortschritte?	
Anmerkungen	

Übungsstunde Nr.	Dauer der Übungsstunde:
Was wurde trainiert?	
Fortschritte?	
Anmerkungen	

Übungsstunde Nr.	Dauer der Übungsstunde:
Was wurde trainiert?	
Fortschritte?	
Anmerkungen	

Übungsstunde Nr.	Dauer der Übungsstunde:
Was wurde trainiert?	
Fortschritte?	
Anmerkungen	

Übungsstunde Nr.	Dauer der Übungsstunde:
Was wurde trainiert?	
Fortschritte?	
Anmerkungen	

Übungsstunde Nr.	Dauer der Übungsstunde:
Was wurde trainiert?	
Fortschritte?	
Anmerkungen	

Übungsstunde Nr.	Dauer der Übungsstunde:
Was wurde trainiert?	
Fortschritte?	
Anmerkungen	

Click auf einen Blick

Welche Übung wird wie trainiert?

Übung	Schwierigkeit	Geeignet für	Trainingsort	Trainingsmethode
Slalom laufen	Einfach	Kaninchen und alle Nager	Außerhalb des Geheges	Der Nager wird mit Hilfe des Targetsticks im Slalom um die Hindernisse geführt
Sich im Kreis drehen	Einfach	Kaninchen und alle Nager	Außerhalb des Geheges	Der Targetstick beschreibt einen Kreis um den Nager, dieser folgt ihm mit der Nase und dreht sich somit
Männchen machen	Einfach	Kaninchen und alle Nager	Außerhalb des Geheges	Das Tier muss sich auf die Hinterbeine stellen, um den Targetstick berühren zu können
Fußball spielen	Einfach bis mittelschwer	Kaninchen und größere Nager, z.B. Ratten	Außerhalb des Geheges	Das Tier lernt, dass es nur eine Belohnung bekommt, wenn es den Ball anschubst; kein Targetstick nötig
Basketball spielen	Einfach bis mittelschwer	Hauptsächlich Kaninchen	Außerhalb des Geheges	Der Nager lernt, den Ball mit den Zähnen zu packen und wieder fallen zu lassen; kein Targetstick nötig
Über eine Wippe klettern	Einfach bis mittelschwer	Kaninchen und alle Nager, für größere, ungeschicktere Tiere erhöhte Schwierigkeit	Außerhalb des Geheges	Der Nager wird mit Hilfe des Targetsticks über eine Wippe geführt
Angst vor Transportboxen verlieren	Einfach bis mittelschwer	Kaninchen und alle Nager	Außerhalb des Geheges/ in der Transportbox	Das Tier wird in die Box gesetzt oder wahlweise mit dem Targetstick dort hin geführt. Bleibt er ruhig in der Box sitzen, bekommt er eine Belohnung.
Angst vor Gegenständen verlieren	Mittel	Kaninchen und alle Nager	Außerhalb des Geheges	Der Nager wird mit Hilfe des Targetsticks an Gegenstände herangeführt, die ihm Angst bereiten
Nager zur Stubenreinheit erziehen	Mittel	Kaninchen und größere Nager	Zuerst im Gehege, dann außerhalb	Das Tier wird belohnt, wenn es die Toilettenkiste benutzt, möchte es an anderer Stelle sein Geschäft verrichten, wird dies verhindert, indem der Nager rechtzeitig Richtung Toilette dirigiert wird
Durch einen Ring springen	Mittel	Kaninchen und Nager, die gerne springen, z.B. Degus	Außerhalb des Geheges	Der Nager wird mit Hilfe des Targetsticks dazu verleitet, durch einen Ring zu springen

Übung	Schwierigkeit	Geeignet für	Trainingsort	Trainingsmethode
Hochnehmen ohne Kratzen und Zappeln	Mittel	Kaninchen und alle Nager, die sich vor dem Hochnehmen fürchten, jedoch nicht vor generellen Berührungen	Im Gehege, aber auch außerhalb	Trainer Nr. 1 hebt den Nager vorsichtig hoch, verhält dieser sich ruhig, klickt Trainer Nr. 2 und belohnt das Tier. Die Einführung von zwei Kommandos, wie „Hoch" und „Hinunter" ist nötig.
„Give me five"	Mittel	Kaninchen und alle Nager, wobei sich größere Tiere besser eignen	Außerhalb des Geheges	Der Trainer berührt das Füßchen des Nagers während dieser Männchen macht. Bei Bedarf kann ein Kommando eingeführt werden.
Gutes Benehmen im Gehege	Mittel	Kaninchen und alle Nager	Im Gehege	Die passive Handlung des Nagers, z.B. das Warten vor der Fütterung, wird belohnt, unerwünschtes Verhalten, wie Gitterstäbenagen ignoriert.
Krallen schneiden ohne Stress	Mittel	Kaninchen und alle Nager, die regelmäßig ihre Krallen geschnitten bekommen	Außerhalb des Geheges, auf dem Schoß des Trainers	Die passive Handlung des Nagers, das ruhige Verhalten während des Krallenschneidens wird belohnt; Trainingsassistent sinnvoll
Bürsten tolerieren	mittel	Kaninchen und alle Nager	Außerhalb des Geheges, wahlweise auf dem Schoß des Trainers oder auf dem Boden	Das ruhige Verhalten während des Bürstens wird belohnt, Schritt für Schritt wird die Dauer des Bürstens erweitert.
Auf Kommando kommen	Mittel bis schwer	Kaninchen und alle Nager (möglichst schon zahm)	Außerhalb des Geheges	Der Nager wird mit Hilfe des Targetsticks zu seinem Trainer geführt, wobei immer dasselbe Kommando genannt wird. Als Variante kann auch das spontane Laufen zum Trainer geklickert und benannt werden.
Berührungsängste verlieren	entsprechend der Furcht des Tieres	Kaninchen und alle Nager, die sich vor Berührungen fürchten	Außerhalb des Geheges	Der Trainer wird selbst zum Teil des Trainingsparcours, der Nager nähert sich ihm mit Hilfe des Targetsticks
Auf Kommando Männchen machen	Für Fortgeschrittene	Kaninchen und alle Nager, wobei größere Tiere leichter Kommandos lernen	Außerhalb des Geheges	Ein bestimmtes Kommando wird während der Übung genannt, die das Tier mit der gewünschten Handlung verknüpft.
Nicht an Kabeln knabbern	Kein Erfolg garantiert	Theoretisch Kaninchen und alle Nager	Außerhalb des Geheges	Bestärkung von Nagen an gewünschten Stellen, wie z.B. Ästen, hartem Brot

Service

Zum Weiterlesen

- Altmann, F.D.: **Meerschweinchen.** Ulmer, 2004
- Altmann, F.D.: **Zwergkaninchen.** Ulmer, 2007
- Bartels, A., Gassner, G.: **Wohnen mit Meerschweinchen.** Ulmer, 2007
- Gansloßer, U.: **Säugetierverhalten.** Filander, 1998
- Deutsch, Robin: **The Click That Does The Trick.** T.F.H. Publications, 2005
- Frey, C.M.: **Ein Spielplatz für Kaninchen.** Ulmer, 2008
- Leitner, Sebastian: **So lernt man lernen: Angewandte Lernpsychologie – ein Weg zum Erfolg.** Area, 2007
- Schmidt-Röger, H.: **Hamster.** Ulmer, 2004
- Schmidt-Röger, H.: **Chinchillas.** Ulmer, 2005
- Schmidt-Röger, H.: **Rennmäuse.** Ulmer, 2005
- Schmidt-Röger, H.: **Wohnen mit Kaninchen.** Ulmer, 2009
- Wilde, C.: **Lemminge.** Ulmer, 2008
- **Rodentia.** Kleinsäuger-Fachmagazin. Natur und Tier Verlag
- **Ein Herz für Tiere.** Fachmagazin für Tiere. Gong Verlag

Klicks im WWW

www.clickertraining.com
Karen Pryor's Clickertraining: Englische Website mit sehr vielen Informationen rund ums Clickertraining.

www.nager-info.de
Ausführliche Informationen rund um Kleinsäuger als Heimtiere, speziell Meerschweinchen, Hamster, Kaninchen, Chinchillas, Ratten, Mäuse, Rennmäuse, Lemminge, Degus.

www.vogelforen.de
Das Vogelnetzwerk: Forum mit Unterforum zum Thema Clickertraining mit Vögeln, in dem man Grundprinzipien des Clickertrainings auch in Bezug auf Training mit Nagetieren diskutieren kann.

www.spass-mit-hund.de
Im Unterpunkt „Clicker-Welt“ gibt es „Die große Haustier-Clicker-Offensive“ mit vielen weiterführenden Links.

Hinweis
Der Verlag Eugen Ulmer ist nicht verantwortlich für die Inhalte der im Buch genannten Websites.

Register

Dank

Fotografin, Autorin und Verlag danken Florina Strobel, Eisenach, Carla Cronauer, Baden-Baden, Jasmin Berg, Herleshausen sowie Dieko Chinahandel GmbH, Schneverdingen (www.strohteppich.de), für die freundliche Unterstützung bei den Fotoaufnahmen.

Bildquellen

Alle Fotos stammen von Regina Kuhn, Herleshausen.

Die Autorin

Isabel Müller trainiert seit vielen Jahren erfolgreich ihre eigenen Kaninchen, Meerschweinchen, Katzen und Wellensittiche mit dem Clicker.

Impressum

Die in diesem Buch enthaltenen Empfehlungen und Angaben sind von der Autorin mit größter Sorgfalt zusammengestellt und geprüft worden. Eine Garantie für die Richtigkeit der Angaben kann aber nicht gegeben werden. Autorin und Verlag übernehmen keinerlei Haftung für Schäden und Unfälle.

Bibliografische Information der Deutschen Nationalbibliothek
Die Deutsche Nationalbibliothek verzeichnet diese Publikation in der Deutschen Nationalbibliografie; detaillierte bibliografische Daten sind im Internet über http://dnb.d-nb.de abrufbar.

Wollgrasweg 41, 70599 Stuttgart (Hohenheim)
E-Mail: info@ulmer.de
Internet: www.ulmer.de

Lektorat: Heike Schmidt-Röger,
Antje Springorum
Herstellung: Ulla Stammel
Umschlagentwurf: Christina Schaal, Reutlingen
Innenlayout und Satz: Christina Schaal, Reutlingen
Repro: Medienfabrik, Stuttgart
Druck und Bindung: Westermann Druck, Zwickau
Printed in Germany

ISBN 978-3-8001-5553-8